2008年
淮河暴雨洪水

徐时进　王　凯　徐　胜　苏　翠　编著

中国水利水电出版社
www.waterpub.com.cn

内 容 提 要

本书依据大量的实测和调查资料，详细描述和分析了 2008 年淮河流域暴雨洪水过程、成因、特点、洪水组成、洪水量级及洪水重现期，分析评价了防洪工程的运用及所发挥的作用、沿淮排涝对淮河干流洪水的影响，对王家坝站洪水预报误差、王家坝站洪峰流量规律性、台风"凤凰"等进行了专题分析。

本书全面、系统、客观地反映了 2008 年淮河暴雨洪水过程，资料翔实，内容全面，数据可靠，分析科学合理，具有较强的科学性和实用性。

本书适合于社会经济、防汛抗旱、水文气象、规划设计、农田水利、防洪减灾、工程运用、环境科学等领域的技术人员及管理人员阅读，对流域水利规划设计、工程建设和运行管理、防洪减灾以及国民经济发展具有较高的参考价值和重要的使用价值。

图书在版编目（ＣＩＰ）数据

2008年淮河暴雨洪水 / 徐时进等编著. -- 北京：
中国水利水电出版社，2019.9
ISBN 978-7-5170-8051-0

Ⅰ. ①2… Ⅱ. ①徐… Ⅲ. ①淮河流域—暴雨洪水-
研究－2008 Ⅳ. ①P426.616②P333.2

中国版本图书馆CIP数据核字(2019)第219621号

审图号：GS（2019）4899 号

责任编辑：夏　爽

地图编绘：张　莉　邱法伟

书　　名	2008 年淮河暴雨洪水 2008 NIAN HUAI HE BAOYU HONGSHUI
作　　者	徐时进　王　凯　徐　胜　苏　翠　编著
出版发行	中国水利水电出版社 （北京市海淀区玉渊潭南路 1 号 D 座　100038） 网址：www.waterpub.com.cn E - mail：sales@waterpub.com.cn 电话：(010) 68367658（营销中心）
经　　售	北京科水图书销售中心（零售） 电话：(010) 88383994、63202643、68545874 全国各地新华书店和相关出版物销售网点
排　　版	山东水文印务有限公司
印　　刷	山东水文印务有限公司
规　　格	184mm×260mm　16 开本　7.5 印张　183 千字　1 插页
版　　次	2019 年 9 月第 1 版　2019 年 9 月第 1 次印刷
定　　价	128.00 元

前　言

  2008 年，淮河流域出现了多次中小洪水过程，淮河水系出现了自 1964 年以来同期最大的春汛，干流王家坝站出现 4 次超警戒水位的洪水。淮河干支流、入江水道及里下河主要河流、沂沭河均出现超警戒水位的洪水。

  为了全面、客观、系统地分析 2008 年淮河暴雨洪水，分析评价洪水特性及防洪工程所发挥的作用，为防汛抗洪、水利规划、工程设计和运用管理以及水文情报预报等提供有价值的宝贵资料，同时与《1991 年淮河暴雨洪水》、《2003 年淮河暴雨洪水》和《2007 年淮河暴雨洪水》形成系列丛书，淮河水利委员会水文局（信息中心）于 2016 年开始组织开展 2008 年淮河流域暴雨洪水的分析和编写工作。

  本书以体现资料性和实用性为宗旨，在大量实测和调查资料的基础上，全面分析了 2008 年淮河暴雨的时空分布及成因、暴雨重现期、洪水过程及组成、洪水重现期等，并与历史洪水进行了分析比较，较全面、准确地反映了 2008 年淮河流域暴雨洪水的特性；对 2008 年洪水期间防洪工程的运用情况等进行了分析，对王家坝站春汛洪水预报误差、王家坝站洪峰流量规律性、台风"凤凰"等进行了专题分析；对 2008 年洪水期间淮河流域水文测报、情报预报等工作做了简要回顾和总结，并针对存在的问题提出了改进建议。

  本书编写过程中得到了流域四省水文部门的大力支持，在此表示衷心的感谢。由于我们的技术水平有限，书中缺点和错误在所难免，殷切希望得到读者的批评指正。

编　者

2019 年 7 月

目　　录

2008 年淮河暴雨洪水概要

2008 年，淮河流域出现了多次中小洪水过程，淮河水系出现了自 1964 年以来同期最大的春汛，干流王家坝站出现 4 次超警戒水位的洪水。淮河干支流、入江水道及里下河主要河流、沂沭河均出现超警戒水位的洪水。本书从暴雨产生的天气、暴雨洪水特性及水利工程运用效果等方面进行全面分析；对王家坝站春汛洪水预报误差、王家坝站洪峰流量规律性、台风"凤凰"等进行了专题分析。

一、降水

2008 年，淮河流域面平均降水量为 919mm，较历年同期偏多 2%。其中，淮河水系为 928mm，较历年同期略偏少，沂沭泗河水系为 900mm，较历年同期偏多 13%。

汛期，淮河流域平均降水量为 596mm，较历年同期偏多 5%。其中，淮河水系降水量为 570mm，与历年同期基本持平，沂沭泗河水系为 657mm，较历年同期偏多 17%。

与历年同期相比，淮河以南大部、沙颍河大部及沂沭泗河水系大部偏多，其中淮河干流息县—王家坝沿淮以南、沙颍河局部、洪泽湖以北支流上游局部、南四湖下级湖—沂沭河中下游—骆马湖以南运河偏多 20% 以上；其他地区偏少。

2008 年淮河流域暴雨呈现入梅出梅早、暴雨时间早、暴雨强度大、雨量集中等特点。

二、洪水

2008 年，淮河干流王家坝站出现了 4 次超警戒水位洪水过程。其中，4 月下旬淮河干流王家坝站发生了自 1964 年以来的最大春汛。

（一）淮河水系

2008 年，淮河水系 4 月下旬、7 月下旬、8 月中旬、8 月底至 9 月初共出现 4 次较大洪水过程，淮河干流王家坝站出现 4 次超警戒水位洪水过程。

（1）4 月下旬洪水。4 月 18—20 日，淮河以南、淮北诸支流中下游出现强降水过程，降水集中在淮北支流中下游。此次降水致使淮河水系出现了自 1964 年以来同期最大的春汛，干流王家坝站出现超警戒水位的洪水过程，最高水位超警戒水位 0.28m。息县站、淮滨站及润河集站以下各主要干流控制站洪峰水位均在警戒水位以下；淮北支流班台站出现多次涨洪过程，最大洪峰流量 1200m³/s；淮南各支流洪水普遍较小，流量大多不超过 500m³/s。

（2）7 月下旬洪水。7 月 21—24 日，淮河上游及淮北诸支流普降暴雨，导致淮河干支流出现明显涨洪过程。淮河干流淮滨站和王家坝站分别超警戒水位 0.26m 和 0.73m，是 2008 年的第 2 次超警戒洪水。

淮北各支流均出现了 2008 年最大的一次洪水过程，洪汝河班台站洪峰水位 33.49m，仅低于警戒水位 0.01m。淮南支流流量普遍较小，大多不超过 500m³/s。

（3）8 月中旬洪水。8 月 13—17 日，全流域普遍降水 50mm 以上，鲁台子以上淮河以

— 1 —

南及沭河达 100～250mm，暴雨中心位于淮南山区的潢河上游。

淮河干流再次起涨，王家坝站出现 2008 年的第 3 次超警戒水位洪水过程。淮河干流淮滨—蚌埠（吴家渡）河段主要控制站出现的洪峰水位和相应洪峰流量，均为本年最高水位和最大流量，淮滨站和王家坝站的最高水位分别超警戒水位 0.72m 和 0.98m。

淮北支流洪水过程较小，淮南支流洪水过程较大。淮南支流竹竿河、潢河及白露河站均出现了 2008 年第 1 次超警戒水位的洪水过程，竹竿河竹竿铺站、潢河潢川站和白露河北庙集站的最高水位分别超警戒水位 0.15m、1.09m 和 0.07m。本次洪水过程中潢河潢川站、白露河北庙集站、史灌河蒋家集站及淠河横排头站均出现了 2008 年的最高水位和最大流量。

（4）8 月底至 9 月初洪水。8 月 28—30 日，鲁台子站以上淮河以南普降暴雨，降水集中在王家坝站以上淮河以南大部及史灌河、淠河上中游。淮河干支流再次起涨，王家坝站出现了 2008 年第 4 次超警戒水位洪水过程。

淮北支流洪水较小，无明显涨洪过程。淮南支流洪水较大，王家坝以上淮南支流出现了较大洪水，其中竹竿河、潢河出现了 2008 年以来第 2 次超警戒水位的洪水，竹竿河竹竿铺站和潢河潢川站的最高水位分别超警戒水位 1.18m 和 0.6m。本次洪水过程中竹竿铺站出现了 2008 年的最高水位和最大流量。

（二）沂沭泗河水系

沂沭泗河水系 7 月下旬和 8 月下旬均有一次较大的洪水过程，沂河和沭河出现了明显的涨洪过程（均在警戒水位以下），下级湖韩庄闸和骆马湖嶂山闸多次开闸泄洪。受韩庄闸泄流影响，运河站 7 月下旬出现一次超警戒水位 0.12m 的洪水过程；受上游老沭河来水和嶂山闸泄洪共同影响，新沂河沭阳站 7 月下旬和 8 月下旬各出现一次超警戒水位 1.5m 和 0.67m 的洪水过程。

三、来水量

2008 年，淮河干流鲁台子站来水量与历史同期持平，其他各主要控制站来水量较历史同期偏多 2%～23%；淮南支流史灌河、淠河来水量分别偏少 31%、3%；淮北支流洪汝河来水量偏多 9%，沙颍河、涡河来水量分别偏少 36%、2%；沂沭泗河水系沂河来水量偏多 17%、沭河来水量偏多 117%。

汛期，淮河干流来水量较历史同期偏多 2%～25%，淮南支流史灌河、淠河来水量分别偏多 18%、99%；淮北支流洪汝河来水量与历年同期持平，沙颍河水量偏少 44%、涡河来水量偏多 2%；沂沭泗河水系沂河、沭河来水量偏多 13%、96%。

四、湖库蓄水

2008 年年末（2009 年 1 月 1 日 8 时），全流域大型水库及湖泊共蓄水 121.06 亿 m^3，较常年多蓄 19.23 亿 m^3，较年初（2008 年 1 月 1 日 8 时）少蓄 2.09 亿 m^3。其中，淮河水系大型水库年末较年初多蓄 0.26 亿 m^3，沂沭泗河水系大型水库少蓄 1.39 亿 m^3。汛末（2008 年 10 月 1 日 8 时），淮河流域大型水库及湖泊共蓄水 133.01 亿 m^3，较汛初增加 20.73 亿 m^3，较历史同期偏多 23.89 亿 m^3。

五、水利工程运用的影响

2008 年淮河流域大型水库拦蓄洪水与削减洪峰的效果明显。经分析计算,春季第一场洪水,王家坝、润河集削减洪峰流量 3% ~ 10%;正阳关至小柳巷削减洪峰流量约 5%,降低洪峰水位 0.18 ~ 0.36m。夏季最大场次洪水,王家坝、润河集站削减洪峰流量 9% ~ 15%,降低洪峰水位 1.32 ~ 1.65m;正阳关至小柳巷削减洪峰流量 25% ~ 30%,降低洪峰水位 0.34 ~ 1.22m。2008 年流域四大湖泊洪泽湖、上级湖、下级湖和骆马湖入湖最大日平均流量分别为 14600m³/s(8 月 1 日)、1099m³/s(7 月 23 日)、2180m³/s(7 月 23 日)和 5460m³/s(7 月 25 日),经湖泊调蓄其出湖流量分别削减 54.9%、25.1%、44.5% 和 11.5%。其中,骆马湖嶂山闸的错峰调度很好地配合了分淮入沂,减轻了洪泽湖洪水下泄压力。

2008 年沭河大官庄枢纽新沭河闸开启东调分洪,其中分洪流量超过 600m³/s 的有 3 次,洪水经新沭河快速入海,有效加快了沭河上游洪水下泄,减轻了沭河下游以及新沂河的防洪压力;2008 年沂河洪水相对较小,为有效降低洪泽湖水位迎接上游来水,主汛期二河闸先后 2 次开启向淮沭新河分洪,分洪最大流量达 604m³/s。

六、专题分析

(一) 王家坝站春汛洪水预报误差分析

4 月 18—20 日,淮河以南、淮北诸支流中下游普遍降水,降水集中在淮北支流中下游,王家坝站以上面平均雨量 107.9mm,此次降水致使淮河水系出现了自 1964 年以来同期最大的春汛。20 日 9 时,水情技术人员根据实时雨水情发布预报成果:王家坝站将于 22 日 14 时出现洪峰水位 27.40m,洪峰流量 2500m³/s。实际出现洪峰水位 27.78m,洪峰流量 3280m³/s。洪峰水位误差 0.38m,流量误差 24%。

预报误差原因分析如下:王家坝站洪峰水位误差较大,主要是洪峰流量的预报值严重偏小,从而影响了洪峰水位的预报精度(洪峰水位是通过水位流量关系曲线而得)。经过分析总结,导致洪峰流量偏小的主要原因是报汛资料不足。淮河王家坝站的预报分析中,根据预报方案的要求需要 45 个雨量站的日雨量和时段雨量资料,但本次洪水由于发生在非汛期,流域报汛站点稀少,45 个雨量站中缺少了 26 个站的雨量资料,缺报率达 58%,是导致模型计算的流量(模型计算最大值为 2493m³/s)严重偏小的主要原因。预报时虽然对缺少站的雨量进行了补录,但在降雨的时间和空间分布上,暴雨中心和暴雨量的控制上,均很难把握。同时,由于前期报汛雨量资料的不足,前期影响雨量(Pa)计算值也偏小,上游潢川站和班台站的模型计算流量分别仅为 354m³/s 和 322m³/s,与实际相比分别偏小高达 56.3% 和 73.2%。

(二) 王家坝洪峰流量变化规律分析

20 世纪 50 年代—2000 年后王家坝站年最大洪峰流量随年代变化表现出了一定的规律性,即呈现周期性增减的变化趋势,其中 20 世纪 60 年代、80 年代、2000 年后年最大洪峰流量普遍偏大,而 20 世纪 50 年代、70 年代、90 年代年最大洪峰流量普遍偏小。

根据王家坝站 1952—2008 年最大洪峰流量系列分析的小波方差图、时频分布图(图 5

－4、图 5－5）可知，王家坝站年最大洪峰流量变化周期较为明显的是 42 年、11 年，在 42 年的时间尺度变化上，年最大洪峰流量呈现较为显著的偏大、偏小交替变化规律；在 11 年的时间尺度变化上，年最大洪峰流量呈现较为明显的偏小、偏大、偏小的交替变化规律。

（三）"凤凰"台风分析

2008 年第 8 号强台风"凤凰"于 7 月 25 日在台湾以东洋面生成，28 日先后在台湾和福建东部沿海登陆，登陆后沿西北方向进入福建江西等地，31 日减弱后的低压环流深入安徽境内消失。台风登陆后维持时间较长，并先后两次与北方冷空气结合，受其影响，2008 年 7 月 29 日—8 月 2 日淮河流域大部降了中～大雨，部分地区出现暴雨～大暴雨。主雨区位于淮河中下游，导致洪泽湖水位上涨较快，入江水道、里下河地区部分河流出现超警戒水位洪水过程。

该降水过程所需的水汽主要源自南海和东海，由西太平洋副热带高压（简称"副高"）西侧的偏南气流不断地输送到暴雨区。暴雨区上空中低层对应很强的水汽通量辐合，且辐合中心与暴雨中心在地理位置上和强度上都有很好的对应关系。

"凤凰"台风登陆后长时间维持主要有三方面的原因：一是台风环流位于长波槽前有向中纬度斜压锋区靠近的趋势；二是台风环流登陆后低空急流水汽通道仍与台风相连接，为台风维持提供了源源不断的水汽和能量；三是台风北上过程遭遇弱冷空气接入作用，台风环流低层形成"半冷半暖"的温度结构，使位能释放转化为动能，增强了低层气旋性环流。

第一章 流域概况

第一节 自然地理

一、地理位置

淮河流域位于东经 112°~121°、北纬 31°~36°，东西长约 700km，南北宽约 400km，流域面积 27 万 km²。淮河流域地跨河南、安徽、江苏和山东四省，在西南部有部分面积位于湖北省境内。流域东临黄海，西部以伏牛山、桐柏山为界，北边以黄河南堤和沂蒙山区与黄河流域接壤，南边以大别山、皖山余脉、通扬运河及如泰运河南堤与长江流域毗邻。

12 世纪之前淮河为一直接入海的河流，1194—1855 年历时六百多年的黄河夺淮，造成淮河河道发生重大变化。黄河北迁后留下的废黄河把淮河流域分为淮河和沂沭泗河两大水系，两水系的面积分别为 19 万 km² 和 8 万 km²。淮河水系主要处于豫、皖、苏三省，包括淮河上中游干支流及洪泽湖以下的入江水道和里下河地区。沂沭泗河水系是沂、沭、泗（运）三条水系的总称，主要处于苏、鲁两省。淮河水系与沂沭泗河水系之间现有中运河、淮沭河及徐洪河连通。

二、地形地貌

淮河流域总的地形为由西往东倾斜，除西部、南部及东北部为山丘区外，其余均为平原、湖泊和洼地，其平原区为我国黄淮海平原的组成部分。流域的山区面积为 3.82 万 km²，占流域总面积的 14%；丘陵面积为 4.81 万 km²，占流域总面积的 18%；平原面积为 14.77 万 km²，占流域总面积的 55%；湖泊洼地面积为 3.6 万 km²，占流域总面积的 13%。其中：淮河水系的山区面积占 17%、丘陵面积占 17.5%、平原面积占 58.4%、湖洼面积占 7.1%；沂沭泗河水系山丘区面积占 31%、平原面积占 67%、湖泊面积占 2%。

淮河流域西部的伏牛山、桐柏山海拔为 200.00~500.00m，沙颍河上游的石人山为全流域最高峰，海拔 2153.00m；南部大别山海拔为 300.00~500.00m，最高峰白马尖海拔 1774.00m。东北部沂蒙山区海拔为 200.00~500.00m，最高峰龟蒙顶海拔为 1156.00m。丘陵区主要分布在山区的延伸部分，西部海拔为 100.00~200.00m，南部海拔为 50.00~100.00m，东北部海拔为 100.00m 左右。淮北平原地面自西北向东南倾斜，海拔为 15.00~50.00m；淮河下游平原海拔为 2.00~10.00m；南四湖湖西黄泛平原海拔为 30.00~50.00m。

淮河流域地貌类型众多，层次明显。在地域分布上，流域的东北部为鲁中南断块山地，中部为黄淮冲积、湖积、海积平原，西部和南部是山地和丘陵。平原与山丘之间为洪积平原、冲（洪）积平原和冲积扇。

三、土壤植被

淮河流域土壤的分布和种类比较复杂。西部的伏牛山区主要为棕壤和褐土，丘陵区主要为褐土，土层厚，质地疏松，易受侵蚀冲刷。南部的山区主要为黄棕壤，其次为棕壤和水稻土，丘陵区主要为水稻土，其次为黄棕壤。北部的沂蒙山区多为粗骨性褐土和粗骨性棕壤，土层薄，水土流失严重。淮北平原的北部主要为黄潮土，质地疏松。淮北平原的中、南部主要为砂礓黑土，其次为黄潮土、棕潮土等。淮河下游平原水网区为水稻土。东部的滨海平原多为滨海盐土。在以上各类土壤中，以潮土分布最广，约占全流域面积的1/3，其次为砂礓黑土、水稻土。

由于受气候、地形、土壤等因素的影响，淮河流域的植被具有明显的过渡性特点。流域北部的植被属暖温带落叶阔叶林与针叶松林混交；中部低山丘陵区属亚热带落叶阔叶林与常绿阔叶林混交；南部山区主要为常绿阔叶林、落叶阔叶林与针叶松林混交，并夹有竹林。据统计，桐柏山、大别山区的森林覆盖率为30%，伏牛山区为21%，沂蒙山区为12%。

四、河流水系

（一）淮河水系

淮河干流发源于河南南部桐柏山，自西向东流经河南、安徽，入江苏境内洪泽湖。洪泽湖南面有入江水道，经三江营入长江，东面有灌溉总渠、二河及从二河新开辟的入海水道入黄海。淮河在豫、皖交界处的洪河口以上为上游，河长364km，河道平均比降为0.5‰；洪河口至洪泽湖出口中渡为中游，河长490km，河道平均比降为0.03‰；中渡以下为下游，河长150km，河道平均比降为0.04‰。洪河口、中渡以上控制面积分别为3万km² 和16万km²；中渡以下（包括洪泽湖以东里下河地区）面积约3万km²。

淮河水系支流众多，流域面积大于1000km²的一级支流有21条；超过2000km²的有16条；超过10000km²的有洪汝河、沙颍河、涡河和怀洪新河4条，其中沙颍河流域面积接近40000km²，河长557km，为淮河最大支流。

淮河右岸的支流主要有浉河、潢河、史灌河、淠河、池河等。淮河左岸的支流主要有洪汝河、沙颍河、涡河、怀洪新河、新汴河等。

淮河右岸诸支流目前基本上保持20世纪50年代的状况，而淮河左岸支流及洪泽湖以下的水道变化较大。在20世纪50年代开挖洪河分洪道、灌溉总渠和淮沭新河后，从20世纪70年代起又开挖了茨淮新河、怀洪新河、入海水道。其中涡河口以下淮河左岸的支流经过历年整治，形成当前的怀洪新河、新汴河、奎濉河、徐洪河四个主要水系。

（二）沂沭泗河水系

沂河、沭河和泗河均发源于沂蒙山区。沂河发源于鲁山南麓，往南注入骆马湖，再经新沂河入海；沭河发源于沂山，与沂河平行南下，至大官庄后分为两支，南支老沭河汇入新沂河后入海，东支新沭河经石梁河水库后由临洪口入海；泗河发源于沂蒙山区太平顶西麓，流入南四湖汇湖东、湖西各支流后，由韩庄运河、中运河入骆马湖，再经新沂河入海。沂沭泗河水系中集水面积大于1000km²的一级支流有15条，滨海独流入海的主要河流有 14 条，主要有朱稽河、青口河、绣针河、付疃河、灌河、柴米河、盐河等，总集水面积 13570km^2。

由南阳湖、独山湖、昭阳湖和微山湖相连而成的南四湖是沂沭泗河水系的最大湖泊，集水面积约 3.12 万 km^2，总容量为 53.7 亿 m^3。南四湖中部建的二级水利枢纽，将南四湖分为上级湖和下级湖。骆马湖除承接南四湖和沂河来水外，同时又汇集邳苍地区的区间来水。新沂河为人工开挖的河道，沂、沭、泗河的洪水除部分通过新沭河入海外，其余都经新沂河入海。在 20 世纪 50 年代，沂河在临沂以下开挖了分沂入沭水道；在分沂入沭口以下，开辟了邳苍分洪道并建江风口分洪闸；沭河在大官庄附近往东开挖了新沭河；从骆马湖往东开挖了入海的新沂河。淮河流域主要干支流特征值见表 1-1。

表 1-1　　　　　　　　　　淮河流域主要干支流特征值表

水系	河名	控制站或河段	集水面积/km^2	河长/km	河床比降/10^{-4}	水系	河名	控制站或河段	集水面积/km^2	河长/km	河床比降/10^{-4}
淮河	淮河	大坡岭	1640	73	3.33	淮河	茨淮新河	入淮河口	5977	134	—
淮河	淮河	长台关	3090	152	1.67	淮河	涡河	蒙城	15475	302	—
淮河	淮河	息县	10190	250	1.67	淮河	涡河	涡河口	15890	382	—
淮河	淮河	淮滨	16005	338	1.47	淮河	池河	明光	3470	123.5	1.70
淮河	淮河	王家坝	30630	364	0.35	淮河	池河	池河口	5021	182	2.30
淮河	淮河	润河集	40360	448	0.35	淮河	怀洪新河	双沟	12024	121	—
淮河	淮河	正阳关（鲁台子）	88630	529	0.30	淮河	新汴河	团结闸	6562	228	0.91
淮河	淮河	蚌埠（吴家渡）	121330	651	0.30	淮河	新汴河	河口	6640	244	—
淮河	淮河	洪泽湖（中渡）	158160	854	0.30	沂沭泗河	沂河	临沂	10315	228	5.60
淮河	入江水道	三江营	—	146	0.40	沂沭泗河	沂河	刘家道口	10438	237	5.60
淮河	竹竿河	竹竿铺	1639	85	—	沂沭泗河	邳苍分洪道	滩上	2643	75	1.00
淮河	竹竿河	竹竿河口	2610	112	—	沂沭泗河	新沂河	沭阳	—	43	0.83
淮河	潢河	潢川	2050	100	8.80	沂沭泗河	新沂河	河口	72100	146	—
淮河	潢河	潢河口	2400	134	—	沂沭泗河	沭河	大官庄	4529	206	4.00
淮河	洪汝河	班台	11280	240	1.00~0.60	沂沭泗河	沭河	新安	5500	263	2.00
淮河	洪汝河	洪河口	12390	326	—	沂沭泗河	新沭河	大兴镇	458	20	2.40
淮河	白露河	北庙集	1710	110	3.3	沂沭泗河	分沂入沭	大官庄	256	20	—
淮河	白露河	白露河口	2200	136	—	沂沭泗河	梁济运河	后营	3225	79	0.23
淮河	史灌河	蒋家集	5930	172	2.15	沂沭泗河	洙赵新河	入湖口	4206	141	2.10~0.20
淮河	史灌河	史灌河口	6880	211	21.0	沂沭泗河	万福河	大周	1283	77	—
淮河	淠河	横排头	4370	118	28.60	沂沭泗河	东鱼河	鱼城	5988	145	0.94
淮河	淠河	淠河口	6450	248	14.60	沂沭泗河	泗河	书院	1542	93	5.00
淮河	沙颍河	漯河	12150	230	2.0	沂沭泗河	泗河	辛闸	2361	159	—
淮河	沙颍河	周口	25800	317	1.67	沂沭泗河	白马河	九孔桥	1099	57	—
淮河	沙颍河	阜阳	35250	490	—	沂沭泗河	中运河	运河	38224	68	1.00
淮河	沙颍河	颍河口	36900	618	—	沂沭泗河	中运河	宿迁大控制	—	128	0.67

第二节 社 会 经 济

一、行政区划及人口

2007 年淮河流域 5 省共有 40 个市（地级），160 个县（市）。其中 12 个市（地级）和 16 个县（市）的部分面积在本流域。

2007 年淮河流域人口 1.77 亿人，其中河南、安徽、江苏、山东四省分别为 5900 万人、3950 万人、4159 万人和 3735 万人。流域的农业人口 1.11 亿人，占总人口的 63%。流域内市区人口大于 100 万人的城市有郑州、徐州、枣庄、临沂，50 万～100 万人的城市有淮南、蚌埠、连云港、淮安、盐城等，其他地市级城市的人口一般为 20 万～50 万人，县级城市人口一般为 10 万～20 万人。

二、工农业

淮河流域是我国重要的粮、棉、油生产基地和商品粮基地。流域现有耕地 19774 万亩，约为全国的 1/8。淮河流域农作物主要有小麦、水稻、玉米、薯类、大豆、棉花、花生和油菜。淮河以北除沿淮及滨湖洼地种有部分水稻外，其余耕地的农作物基本为小麦、棉花、玉米等旱作物；淮河以南及淮河下游水网地区以水稻、小麦（油菜）两熟为主。2007 年全流域粮食产量 9432 万 t，约占全国总产量的 1/6。

淮河流域的工业主要有食品、轻纺、煤炭、化工、建材、电力、机械制造等门类。煤炭工业是淮河流域工业的重要组成部分，徐州、枣庄、淮南、淮北、平顶山等采煤基地在全国煤炭工业中占有重要地位。2007 年流域内生产总值 24766.6 亿元，其中豫、皖、苏、鲁分别占 28.4%、11.9%、29.5% 和 30.2%。流域内人均生产总值 7165 元，低于全国人均数值，尚属经济欠发达地区。

三、交通运输

淮河流域交通十分发达。京沪、京九、京广三条铁路大动脉贯通流域南北，著名的欧亚大陆桥（陇海铁路）横跨流域东西。此外还有晋煤南运的主要铁路干线——新（乡）石（臼）铁路等。流域内有年货运量居全国第二的以京杭大运河与淮河干流连通作为骨干、与平原支流及下游水网组成的内河航运网。流域内公路四通八达，14 条国道纵横贯穿流域。高速公路建设发展迅速，除穿越本流域的京（北京）九（九龙）、京（北京）沪（上海）、连（连云港）霍（霍尔果斯）、大（大庆）广（广州）高速公路干线外，还有众多的支线。连云港、石臼港两个大型出海港口可直航全国沿海港口及韩国、日本、新加坡、欧美等地。流域内有郑州大型航空港，还有开封、连云港、徐州、盐城、阜阳、蚌埠、信阳等国内航空港。

第三节 水 文 气 象

一、气候概况

淮河是我国南北方气候的一条自然分界线，淮河以北属暖温带半湿润季风气候区，淮河以南属亚热带湿润季风气候区。淮河流域以其所处的地理位置，自北往南形成了暖温带向亚热带过渡的气候类型。淮河流域的气候特点是四季分明。据统计，淮河流域春季开始日为 3 月 26 日左右，夏季开始日为 5 月 26 日前后，秋季开始日为 9 月 15 日前后，冬季开始日为 11 月 11 日前后。

流域的多年年平均气温为 14.5℃，最高月份（7 月）多年平均气温为 27℃左右，最低月份（1 月）多年平均气温为 0℃左右。流域的极端最高气温为 44.5℃（1966 年 6 月 20 日河南汝州），极端最低气温为 −24.3℃（1969 年 2 月 6 日安徽固镇）。

流域的相对湿度较大，年平均值为 66% ~ 81%。其地域分布特点是南大北小、东大西小；时间分布特点是夏季、秋季、春季、冬季依次减小。夏季一般超过 80%，冬季约为 65%。

流域的无霜期为 200 ~ 240d，日照时数为 1990 ~ 2650h。

二、降水、径流和水资源

淮河流域平均年降水量为 898mm（1953—2005 年系列，下同），其中淮河水系为 939mm、沂沭泗河水系为 795mm。降水的地域分布特点为南部大北部小、山区大平原小、沿海大内地小。南部大别山区的年平均降水量达 1400 ~ 1500mm，而北边黄河沿岸仅为 600 ~ 700mm。降水量的年际变化很大，如 2003 年全流域平均年降水量为 1282mm，而 1966 年仅为 578mm。地区的年降水量变差系数（C_V）为 0.25 ~ 0.30，总趋势是自南往北增大，平原大于山区。降水量的年内分布不均，淮河上游和淮南山区，雨季集中在 5—9 月，其他地区集中在 6—9 月。6—9 月为淮河流域的汛期，多年平均汛期降水量占全年水量的 63%。

淮河流域的多年平均径流深约为 205mm，其中淮河水系为 238mm、沂沭泗河水系为 143mm。大别山区的年径流深可达 1100mm，而淮北北部、南四湖湖西地区则不到 100mm。径流的年际变化很大，如 1954 年、1956 年淮河干流各站的来水量为多年均值的 2 ~ 2.5 倍，而 1966 年仅为多年均值的 10% ~ 20%。沂沭泗河水系的沂河，1957 年、1963 年来水量为多年均值的 2.5 倍，而 1968 年骆马湖的入湖水量仅为多年均值的 22%。在地区分布上，年径流量的变差系数（C_V）为 0.30 ~ 1.0。径流的年内分配不均，淮河干流各站汛期实测径流量占全年的 60% 左右，沂沭泗河水系各河汛期实测净流量约占全年的 70% ~ 80%。

淮河流域年平均水面蒸发量为 1060mm，在沿黄和沂蒙山南坡水面蒸发量可达 1100 ~ 1200mm，而在大别山、桐柏山区仅为 800 ~ 900mm。淮河流域年平均陆面蒸发量为 640mm，总趋势是南大北小、东大西小，地区的变化范围在 500 ~ 800mm 之间。

根据 1953—2000 年系列计算成果，淮河流域水资源总量为 794 亿 m³（其中淮河水系

583 亿 m^3，沂沭泗河水系 211 亿 m^3）。引江（长江）、引黄（黄河）是淮河流域弥补水资源不足的重要途径。据资料统计，1956—2000 年江苏省淮河流域平均年引江水量为 41.8 亿 m^3（1978 年达 113.2 亿 m^3），1980—2000 年河南、山东省淮河流域平均年引黄水量为 21 亿 m^3。

三、暴雨与洪水

（一）暴雨

淮河流域的暴雨集中在 6—9 月，其中 6 月暴雨主要在淮南山区；7 月暴雨全流域出现的机遇大体相等；8 月西部伏牛山区、东北部沂蒙山区暴雨相对增多，同时受台风影响东部沿海地区常出现台风暴雨；9 月流域各地暴雨减少。淮河流域产生暴雨的天气系统主要是切变线、低涡、低空急流和台风。西南低涡沿着切变线不断东移，经常是造成淮河流域连续暴雨的主要原因。西太平洋副热带高压（简称副高）对淮河流域汛期的降水影响很大，一般 6 月中旬至 7 月上旬副高第 1 次北跳，雨区从南岭附近移至淮河和长江中下游地区，淮河南部地区进入梅雨期。由切变线、低空急流等天气系统可造成连续不断的暴雨，如 1954 年即发生过此类暴雨。淮河流域的梅雨期一般为 $15 \sim 20d$，长的可达一个半月。梅雨期后，随着副高的第 2 次北跳，淮河流域受副高或大陆高压控制，持续性暴雨减少。但由于大气环流的变化，副高短期的进退，导致淮河流域也经常发生较大范围的暴雨。这类暴雨造成的洪水历时、范围不及梅雨期洪水，但其出现的频次多于梅雨期洪水。台风暴雨在淮河流域几乎每年都有，时间多在 8 月，雨区多在东部沿海，伸入流域内地的台风较少。

淮河上游山区、大别山区、伏牛山区以及沂蒙山区常为淮河流域的暴雨中心区，东部沿海因常受台风影响，暴雨机会较多，其他地区在一定的天气形势下也出现有强度大的暴雨。淮河流域各时段最大点雨量统计见表 1-2。

表 1-2　　　　　　　　　淮河流域各时段最大点雨量统计表　　　　　　　单位:mm

1h				3h				6h				12h			
河系	站名	雨量	出现年月	河系	站名	雨量	出现年月	河系	站名	雨量	出现年月	河系	站名	雨量	出现年月
洪汝河	老君	189.5	1975-8	洪汝河	林庄	494.6	1975-8	洪汝河	林庄	830.1	1975-8	洪汝河	林庄	954.4	1975-8
东加河	卞庄	163.9	1993-8	沙颍河	郭林	390.0	1975-8	沙颍河	郭林	720.0	1975-8	沙颍河	郭林	780.0	1975-8
沂河	前城子	155.0	1963-7	沂河	前城子	310.0	1963-7	灌河	响水口	388.5	2000-8	沙颍河	排路	571.6	1982-7
沙颍河	郭林	130.0	1975-8	洪汝河	象河关	236.1	1972-7	沙颍河	豹子沟	387.3	1967-7	洪汝河	桃花店	536.9	1972-7
南四湖	滕县	124.2	1974-8	小潢河	涩港店	226.1	2007-7	汾泉河	迎仙	367.0	2007-7	灌河	响水口	591.0	2000-8

24h				1d				3d				7d			
河系	站名	雨量	出现年月	河系	站名	雨量	出现年月	河系	站名	雨量	出现年月	河系	站名	雨量	出现年月
洪汝河	林庄	1060.3	1975-8	洪汝河	林庄	1005.4	1975-8	洪汝河	林庄	1605.3	1975-8	洪汝河	林庄	1631.1	1975-8
沙颍河	郭林	1050.0	1975-8	沙颍河	郭林	999.0	1975-9	沙颍河	郭林	1517.0	1975-9	沙颍河	郭林	1517.0	1975-9
灌河	响水口	825.0	2000-8	沙颍河	排路	630.0	1982-7	里下河	大丰闸	917.3	1965-8	灌河	响水口	1046.3	2000-8
里下河	大丰闸	672.6	1965-8	灌河	响水口	563.1	2000-8	灌河	响水口	877.4	2000-8	里下河	大丰闸	933.2	1982-7
沙颍河	排路	655.2	1982-7	老潍河	刘圩	553.6	1974-8	沙颍河	排路	812.2	1982-7	沙颍河	排路	907.7	1982-7

根据淮河流域历年较大范围暴雨的资料统计，1d 暴雨超过 100mm、200mm、300mm 的最大笼罩面积分别为 51040km² （2004 年 7 月）、15480km² （2004 年 7 月） 和 5980km² （1975 年 8 月）；3d 暴雨超过 200mm、400mm 和 600mm 的最大笼罩面积分别为 44170km² （1956 年 6 月）、12800km² （1975 年 8 月） 和 7360km² （1975 年 8 月）；7d 暴雨超过 100mm、200mm 和 300mm 的最大笼罩面积分别为 194820km² （1956 年 6 月）、111270km² （1954 年 7 月） 和 38030km² （1956 年 6 月）。

（二）洪水

淮河洪水除沿海风暴潮外，主要为暴雨洪水。

1. 淮河水系洪水

淮河水系洪水主要来自淮河干流上游、淮南山区及伏牛山区。淮河干流上游山丘区，干支流河道比降大，洪水汇集快，洪峰尖瘦。洪水进入淮河中游后，干流河道比降变缓，沿河又有众多的湖泊、洼地，经调蓄后洪水过程明显变缓。中游左岸诸支流中，只有少数支流上游为山丘区，多数为平原河道，河床泄量小，洪水下泄缓慢。中游右岸诸支流均为山丘区河流，河道短、比降大，洪峰尖瘦。故淮河干流中游的洪峰流量与上游和右岸支流的来水关系很大。由于左岸诸支流集水面积明显大于右岸，因此左岸诸支流的来水对淮河干流中游的洪量影响较大。淮河下游洪泽湖中渡以下，往往由于洪泽湖下泄量大，加上区间来水而出现持续高水位状态；里下河地区则常因当地暴雨而造成洪涝。

淮河大面积的洪水往往是由于梅雨期长、大范围连续暴雨，如 1931 年、1954 年、1991 年、2003 年、2007 年的洪水，其特点是干支流洪水相遇，淮河上游及中游右岸各支流连续出现多次洪峰，左岸支流洪水又持续汇入干流，以致干流出现历时长达一个月以上的洪水过程，淮河沿线长期处于高水位状态，淮北平原、里下河地区出现大片洪涝。上中游洪水虽有洪泽湖调蓄，但对下游平原地区仍有严重威胁。如 1931 年洪水，里运河堤溃决，淮河下游里下河地区沦为泽国。

淮河出现局部范围暴雨洪水的次数也较多，上中游山丘区的洪水对淮河中游干流也会造成大的洪水，但对下游的影响往往不大，如 1968 年、1969 年、1975 年的洪水等。平原地区的暴雨对淮河干流影响不大，但会造成涝灾。

发源于大别山区的史灌河、淠河是淮河右岸的主要支流，洪水过程尖瘦，对淮河干流洪峰影响很大。如 1969 年淮河洪水，正阳关站水位 25.85m，相应的鲁台子站流量达 6940m³/s，主要就是由这两条支流 7 月一次暴雨洪水所造成。淮河左岸诸支流洪水流经平原地区，汇入干流时的洪水过程平缓，加上河道下泄能力小，汇入淮河干流的洪峰流量不大，但洪水量对淮河干流有较大影响。

2. 沂沭泗河水系洪水

从洪水组成上说，沂沭泗河水系洪水可分沂、沭河，南四湖（包括泗河）和邳苍地区（即运河水系）三部分。

沂、沭河发源于沂蒙山，上中游均为山丘区，河道比降大，暴雨出现机会多，是沂沭泗河水系洪水的主要发源地。沂、沭河洪水汇集快，洪峰尖瘦，一次洪水过程仅为 2～3d，如集水面积 10315km² 的沂河临沂站，在上游暴雨后不到半天，就可出现 10000m³/s 以上的洪峰流量。

南四湖承纳湖西诸河和湖东泗河等来水，湖东诸支流多为山溪性河流，河短流急，洪水随涨随落；湖西诸支流流经黄泛平原，泄水能力低，洪水过程平缓。由于南四湖出口泄量所限，大洪水时往往湖区周围洪涝并发。南四湖出口至骆马湖之间的邳苍地区的北部为山区，洪水涨落快，是沂沭泗河水系洪水的重要发源地。

骆马湖汇集沂河、南四湖及邳苍地区 51400km² 面积的来水，是沂沭泗河水系洪水重要的调蓄湖泊。新沂河为平原人工河道，比降较缓，沿途又承接沭河等部分来水，因而洪水峰高量大，过程较长。20 世纪 50 年代以来，沂沭泗河水系各河同时发生大水的有 1957 年，先后出现大水的有 1963 年，沂沭河、邳苍地区出现大水的有 1974 年。与淮河水系洪水相比，沂沭泗河水系洪水出现的时间稍迟，洪水量小、历时短，但来势迅猛。

淮河干流中游各站最大 30d、60d、120d 洪量的 C_v 值都在 0.90 左右；沂沭泗河水系沂河、沭河主要控制站临沂、大官庄洪峰流量的变差系数 C_v 值为 0.85~0.95，最大 7d、15d、30d 洪量的 C_v 值为 0.80~0.85；南四湖、骆马湖最大 7d、15d、30d 洪量的 C_v 值为 0.70~0.80。淮河流域干支流主要控制站的水文特征值见表 1-3。

表 1-3　　　　　　　　　　淮河流域干支流主要控制站的水文特征值统计表

水系	河名	站名	集水面积/km²	多年平均流量/(m³/s)	历史最高水位		历史最大流量		保证值		备注
					水位/m	出现时间/(年-月)	流量/(m³/s)	出现时间/(年-月)	水位/m	流量/(m³/s)	
淮河水系	淮河	长台关	3090	35.8	75.38	1968-7	7570	1968-7	72.50	1900	
	淮河	息县	10190	120	45.29	1968-7	15000	1968-7	43.00	6000	
	淮河	淮滨	16005	174	33.29	1968-7	16600	1968-7	32.80	7000	
	淮河	王家坝(总)	—	299	30.35	1968-7	17600	1968-7	—	—	
	淮河	润河集	40360	399	27.82	2007-7	8300	1954-7	27.10	8000	
	淮河	正阳关	88630	—	26.80	2003-7	—	—	左26.50 右26.00	10000	
	淮河	鲁台子	88630	691	26.49	2003-7	12700	1954-7	左26.10	10000	
	淮河	蚌埠	121330	864	22.18	1954-8	11600	1954-8	22.60	13000	
	洪泽湖	蒋坝	158160		16.25	1931-8	—	—	16.00		
	入江水道	三河闸(中渡)	158160	636	13.28	1954-8	10700	1954-8	—	12000	
	入江水道	金湖			11.98	2003-7			12.20		
		高邮	—		9.52	2003-7			9.50		
	灌溉总渠	高良涧闸(下)		230	11.90	1969-10	1020	1975-7		800	
	二河	二河闸(下)		208	13.80	1965-8	3250	2003-7	—	3000	
	竹竿河	竹竿铺	1639	25.4	48.31	1996-7	3260	1968-7	47.20	2200	最大流量为原南李店站实测
	潢河	潢川	2050	30.4	40.98	1996-7	3500	1969-7	39.00	1500	
	洪汝河	班台(总)	11280	83.4	37.39	1975-8	6610	1975-8	35.63	3000	最大流量为调查估算
	白露河	北庙集	1710	—	33.72	1983-7	—	—	32.50	1300	
	史灌河	蒋家集	5930	67.8	33.39	2003-7	5900	1969-7	33.24	3580	最大流量为决口还原

水系	河名	站名	集水面积/km²	多年平均流量/(m³/s)	历史最高水位 水位/m	出现时间/(年-月)	历史最大流量 流量/(m³/s)	出现时间/(年-月)	保证值 水位/m	流量/(m³/s)	备注
淮河水系	淠河	横排头(上)	4370	43.4	56.04	1969-7	6420	1969-7	56.06	8400	
	沙颍河	漯河	12150	71.7	62.90	1975-8	3950	1975-8	61.70	3000	
	沙颍河	周口	25800	103	50.15	1957-7	3450	1975-8	49.20	3000	
	沙颍河	阜阳闸(上)	35250	149	32.52	1975-8	3310	1965-7	32.52	3300	
	涡河	蒙城闸(上)	15475	46.0	27.10	1963-8	2080	1963-8	27.10	2500	
	池河	明光	3470	51.1	18.31	1991-7	2610	1954-7	18.31	1780	
	怀洪新河	双沟(总)	12024	82.1	15.99	2003-7	3160	2003-7	—	—	
	新汴河	宿县闸(上)	6467	10.2	28.62	1982-7	1450	1982-7	—	—	
	濉河	泗洪(姚圩)	2991	16.2	17.08	2003-7	930	2007-7	16.20	—	
	老濉河	泗洪(姚圩)	635	2.54	16.75	2007-7	277	2003-8	—	—	
沂沭泗河水系	沂河	临沂	10315	67.2	65.65	1957-7	15400	1957-7	65.65	12000	
	分沂入沭	彭道口闸	—	—	60.48	1957-7	3180	1957-7	59.48	2500	
	邳苍分洪道	江风口闸	—	—	58.56	1957-7	3380	1957-7	57.66	3000	
	沂河	堰上	10522	44.1	35.59	1974-8	7800	1960-8	35.66	7000	
	新沭河	大官庄闸(上)	—	20.3	56.51	1962-7	4250	1974-8	—	5000	
	沭河	人民胜利堰闸(上)	4529	13.0	54.32	1974-8	2140	1962-7	52.44	2500	
	沭河	新安	—	16.8	30.94	1950-8	3320	1974-8	30.88	2500	
	南四湖	南阳	—	—	36.48	1957-7	—	—	36.50	—	
	南四湖	二级湖闸	27439	49.8	—	—	2110	1978-7	—	—	
	南四湖	微山	—	—	36.28	1957-8	—	—	36.00	—	
	韩庄运河	韩庄闸	31500	31.4	36.23	1957-8	1800	1998-8	35.79	4000	历史最高水位为韩庄(微)
	中运河	运河	38600	109	26.42	1974-8	3790	1974-8	26.50	5500	
	骆马湖	洋河滩	—	—	25.47	1974-8	—	—	25.00	—	原名"杨河滩"
	新沂河	嶂山闸(下)	51200	87.2	22.98	1974-8	5760	1974-8	—	—	
	中运河	皂河闸(上)	—	57.7	25.46	1974-8	1240	1974-8	—	—	
	新沂河	沭阳	—	—	10.76	1974-8	6900	1974-8	11.20	7000	
	中运河	宿迁闸(上)		66.3	24.88	1974-8	1040	1974-8	—	—	

第四节 洪 涝 灾 害

淮河流域由于其特定的地理位置、气候条件等情况，历史上洪涝灾害频繁。1194年黄河夺淮之前，淮河是一条直接入海的河流，河床深广，尾闾排泄通畅，黄河泛滥对淮河流域的影响较小。在经历了长达六个半世纪的黄河夺淮后，淮河水系发生巨大的变化。到

1851 年，淮河下游入海故道淤塞，淮河洪水汇聚洪泽湖被迫改道入江。原先比较畅通的水系，由于黄河夺淮期间洪水所带的泥沙，造成河床淤垫，洪泽湖底淤高。中游洪水下泄缓慢，一遇大水便加剧中游地区洪涝灾害。

据统计，1856—1948 年，淮河水系发生特大洪涝灾害的年份有 1866 年、1887 年、1889 年、1898 年、1906 年、1916 年、1921 年、1931 年和 1938 年，其中 1887 年、1938 年的洪涝灾害为黄河洪水所造成，而 1938 年的洪涝灾害完全是人为扒口所造成；沂沭泗河水系特大洪涝灾害年有 1890 年、1909 年、1911 年、1914 年和 1947 年。

根据史料记载，历史上淮河流域以 1593 年的洪水为最大，水灾遍及 120 个州县，淮北平原地区洪涝并发，灾情最为严重。沂沭泗河水系以 1730 年的洪水为最大。由于该年水灾，次年春灾，以致"米价如珠，藻满市，人相食，民多逃亡"。20 世纪中，1921 年的洪水造成淮河上、中、下游普遍成灾。据文献统计资料表述，1921 年，淮河流域水灾损失计：淹田 4903 万亩，损失禾稼 3267 万石，毁房 88.1 万间，灾民 766 万人，死亡 2.49 万人。1931 年洪水造成的灾害遍及流域内豫、皖、苏、鲁四省 100 多个县。当年除里下河开启归海坝 3 处外，里下河东西堤还溃口 80 多处，加之当地暴雨成涝，里下河地区尽为泽国。据统计，全流域淹没农田 7700 余万亩，受灾人口约 2000 万，死亡人数约 22 万。1938 年的洪水灾害是由于当时国民党企图阻止日军西进，于 6 月 2 日和 6 日先后在黄河赵口和花园口扒开黄河南堤所造成（造成黄河原河道断流达 9 年之久，至 1947 年黄河才回归原道）。黄河水往东南倾泻，在贾鲁河、颍河和涡河之间地带造成严重灾害。据当年统计：受灾面积共 5.4 万 km²，黄泛区 44 县（市）共 391 万多人外逃，89.3 万人死亡，死亡人数占原有人口的 4.6%。

中华人民共和国成立后，淮河流域四省开展了大规模的治淮运动，取得了伟大的成就，基本建成了除害兴利的水利工程体系，洪涝灾害大大减轻。但是，由于黄河夺淮所造成的祸根以及淮河流域的气候等因素，流域内洪涝灾害仍较频繁。1949—2006 年，按洪涝成灾面积统计，淮河水系较大洪涝灾害年为 1950 年、1954 年、1956 年、1962 年、1963 年、1964 年、1965 年、1968 年、1969 年、1975 年、1982 年、1991 年、2003 年和 2007 年，沂沭泗河水系较大的洪涝灾害年为 1949 年、1950 年、1951 年、1953 年、1956 年、1957 年、1960 年、1962 年、1963 年、1974 年。全流域成灾面积最大的为 1963 年（10124 万亩），其后依次为 1956 年（6232 万亩）、1954 年（6123 万亩）、1991 年（6024 万亩）、2003 年（3887 万亩）、2007 年（3748 万亩），其中 1963 年、1956 年的灾情遍及全流域。在这些年中，产生严重灾害的有 1954 年、1957 年、1963 年、1975 年、1991 年、2003 年和 2007 年等。1954 年的淮河大水，造成上游堤防漫决，中游淮北大堤 2 处决口，大片土地受淹。据统计，全流域被淹耕地达 6464 万亩；1957 年沂沭泗河水系的暴雨洪水，造成沂、沭河地区受灾面积 605 万亩，南四湖受灾面积 1850 万亩；1963 年由于暴雨时空分布不一，全流域 5 月和 7、8 两月的平均降雨量均较大，虽然 1958 年以来山区修建了不少水库，但由于洪水量大，以致造成灾害的面积为 1949 年以来最大；1975 年洪汝河、沙颍河水系发生的特大暴雨，造成河南省 2 座大型水库、2 座中型水库和 58 座小型水库垮坝失事及多处堤防漫决，京广铁路因冲毁而交通中断，受灾耕地 1100 万亩，受灾人口 550 万人，倒塌房屋 560 万间，死伤牲畜 44 万余头，淹死 26000 人；1991 年洪水造成全流域受灾耕地 8275 万亩，成灾耕地 6024 万亩，受灾人口 5423 万人，此外，积水还淹没或浸泡了津浦线、淮南线、淮阜线等铁路干线，影响铁路交通；2003 年洪水造成全流域受灾耕地 5770 万亩，成灾耕地 3887 万亩，受灾人口 3730 万人。

第五节 防 洪（排 涝）工程

淮河流域的防洪工程体系由水库、河道堤防、行蓄（滞）洪区、湖泊等组成。

通过多年来的治理，淮河干流上游部分河段的防洪标准达到 10 年一遇；临淮岗洪水控制工程于 2006 年建成，使淮河中游主要防洪保护区的防洪标准达 100 年一遇；2003 年完成淮河下游入海水道近期工程，使洪泽湖防洪标准达 100 年一遇；沂沭泗河中下游防洪标准达到 20 年一遇以上。

一、大型水库

淮河流域已建有大型水库 36 座，控制面积 3.42 万 km²，总库容 190.16 亿 m³，防洪库容 52.22 亿 m³。位于淮河水系的大型水库有 18 座，控制面积为 2.0 万 km²，总库容 142.43 亿 m³，防洪库容 38.71 亿 m³，其中花山水库位于湖北省境内。板桥水库和石漫滩水库为 1975 年溃决失事后复建；位于沂沭泗河水系的大型水库有 18 座，控制面积为 1.42 万 km²，总库容 47.73 亿 m³，防洪库容 13.51 亿 m³。另外，燕山水库和白莲崖水库正在兴建。淮河流域大型水库主要特征值见表 1-4。

二、河道堤防

（一）堤防

淮河流域现有堤防约 50000 多 km，主要堤防为 11000km。淮北大堤（由颍泜、泜涡、涡东三个圈堤组成）、洪泽湖大堤、里运河西堤、南四湖湖西大堤、新沂河大堤等是淮河流域最重要的堤防，堤防长 3748km，保护区面积达 17.8 万 km²。另外，临淮岗洪水控制工程主、副坝全长 77.6km，是淮河特大洪水时保护中下游广大地区安全的重要屏障。淮河流域重要堤防工程的基本情况见表 1-5。

（二）分洪水道

为分泄河道洪水，中华人民共和国成立以来，淮河流域人工开挖了许多分洪水道。淮河水系的主要分洪水道有洪河分洪道、茨淮新河、怀洪新河、新汴河、淮沭河、苏北灌溉总渠、入海水道等；沂沭泗河水系的主要分洪水道有分沂入沭、新沭河、邳苍分洪道、新沂河等。

洪河分洪道是班台闸以下大洪河的分洪河道。1958 年建的班台闸是用于控制洪河分洪道的分洪闸，在 1975 年大水时炸毁后于 2002 年重建；1952 年开挖的苏北灌溉总渠是洪泽湖洪水通过高良涧闸入海的人工河道；1958 年建成的淮沭新河，南起二河闸，经淮阴闸、沭阳闸至沂沭泗河水系的新沂河，是淮河大水时洪泽湖向新沂河相机分洪的人工水道；新汴河为 1969 年完成的人工开挖河道，它承纳沱河上游、濉河上游的来水后直接汇入洪泽湖；1980 年通水、1991 年竣工的茨淮新河，是通过茨河铺闸分泄颍河洪水在荆山口上游

表1-4　　　　　　　　　　　　　　　　　淮河流域大型水库特征值表

水库名称	所在河流	所在地		集水面积/km²	总库容/亿m³	校核水位标准/%	校核水位/m	正常蓄水位/m	兴利库容/亿m³	汛限水位/m	历史最高（大）		水库建成时间/（年-月）	备注
		省	市（县）								水位/m	出库流量/（m³/s）		
白沙	沙颍河水系颍河	河南	禹县	985	2.95	0.1	235.30	225.00	1.15	223.00	230.91	160	1953-6	
昭平台	沙颍河水系沙河	河南	鲁山	1430	7.13	0.1	180.70	174.00	3.94	167.00	177.30	3110	1959-6	
白龟山	沙颍河水系沙河	河南	平顶山	2740	7.31	0.1	107.81	103.00	3.02	101.00	106.21	3300	1966-8	面积含昭平台水库
孤石滩	沙颍河水系澧河	河南	叶县	285	1.85	0.05	160.69	152.50	0.661	151.50	158.72	2610	1971-12	
燕山	沙颍河水系干江河	河南	叶县	1169	9.25	0.02	116.4	106.00	2.20	104.20	—	—	正在建设	2006年3月开工建设
石漫滩	洪汝河水系洪河	河南	舞阳	230	1.2	0.1	112.05	107.00	0.68	107.00	111.40	—	1951	1997年复建
板桥	洪汝河水系汝河	河南	泌阳	768	6.75	PMF	119.35	111.50	2.56	110.00	117.94	—	1953	1993年复建
薄山	洪汝河水系臻头河	河南	确山	580	6.2	PMF	128.20	116.60	2.80	110.00	122.75	1600	1954-5	
宿鸭湖	洪汝河水系汝河	河南	汝南	4498	16.56	0.1	58.87	53.00	2.66	52.50	57.66	6110	1958-8	面积含板桥水库、薄山水库
花山	淮河干流潾河	湖北	应山	129	1.73	PMF	244.04	237.00	1.07	237.00	234.88	—	1966-3	
南湾	淮河干流潾河	河南	信阳	1100	16.3	PMF	112.80	103.50	6.70	103.50	105.42	427	1955-11	面积含花山水库
石山口	淮河干流小潢河	河南	罗山	306	3.72	PMF	84.52	79.50	1.69	78.50	80.75	425	1962	
五岳	淮河干流寨河	河南	光山	102	1.2	0.01	91.38	89.30	0.73	88.50	89.90	228	1970-1	
泼河	淮河干流潢河	河南	光山	222	2.35	0.02	86.72	82.00	1.50	81.00	82.10	573	1970-1	
鲇鱼山	淮河干流史灌河	河南	商城	924	9.16	0.02	114.50	107.00	5.12	106.00	109.31	1530	1973-12	
梅山	淮河干流史灌河	安徽	金寨	1970	23.37	0.01	140.77	126.00	12.45	125.27	135.75	3010	1956-4	
响洪甸	淮河干流淠河	安徽	金寨	1400	26.32	0.01	143.60	128.00	14.13	125.00	134.17	890	1958-7	
磨子潭	淮河干流淠河	安徽	霍山	570	3.37	0.1	202.80	187.00	1.9	177.00	204.49	3300	1958-6	
白莲崖	淮河干流淠河	安徽	霍山	747	4.60	0.02	234.50	208.00	2.01	205.00	—	—	正在建设	2004年8月开工建设
佛子岭	淮河干流淠河	安徽	霍山	1840	4.96	0.1	129.83	125.56	3.96	117.56	130.64	5510	1954-11	面积含磨子潭水库
田庄	沂河水系沂河	山东	沂源	424	1.31	0.01	315.64	310.64	0.7	308.00	310.14	698	1960-6	
跋山	沂河水系沂河	山东	沂水	1782	5.29	0.01	184.50	176.00	2.27	175.00	178.34	1420	1960-4	面积含田庄水库
岸堤	沂河水系东汶河	山东	蒙阴	1693	7.49	0.01	180.40	176.00	4.71	173.00	175.33	1350	1960-4	
唐村	沂河水系浚河	山东	平邑	263	1.44	0.02	190.56	187.50	0.944	183.00	188.56	120	1959-10	
许家崖	沂河水系温凉河	山东	费县	580	2.93	0.02	151.22	147.00	1.74	145.00	147.74	594	1959-10	
沙沟	沭河水系沭河	山东	沂水	163	1.04	0.02	240.37	234.00	0.459	234.00	234.57	317	1959-11	
青峰岭	沭河水系沭河	山东	莒县	770	4.02	0.02	165.47	162.90	2.69	160.00	160.95	601	1960-7	
小仕阳	沭河水系袁公河	山东	莒县	281	1.25	0.02	157.60	153.50	0.72	153.00	155.05	409	1959-6	
陡山	沭河水系浔河	山东	莒南	431	2.88	0.02	131.84	127.00	1.707	124.50	128.16	559	1959-7	
安峰山	沭河水系厚镇河	江苏	东海	175.6	1.22	0.05	18.95	16.50	0.53	15.00	18.22		1958-6	
石梁河	沭河水系新沭河	江苏	东海	5265	5.31	0.05	28.00	24.50	2.66	23.50	26.82	3510	1962-12	面积含沭河大官庄水库
尼山	泗河水系小沂河	山东	曲阜	264	1.13	0.01	127.91	124.59	0.685	123.59	124.36	250	1960-6	
马河	运河水系北沙河	山东	滕县	240	1.38	0.02	114.75	111.00	0.7	108.00	111.98	267	1960-5	
岩马	运河水系城河	山东	滕县	357	2.03	0.02	132.55	128.00	1.16	125.00	129.06	313	1960-5	
西苇	运河水系大沙河	山东	邹县	113	1.02	0.02	110.03	106.06	0.487	106.06	107.26	22.5	1960-6	
会宝岭	运河水系西泇河	山东	苍山	420	1.97	0.05	77.81	74.00	1.03	74.00	76.90	459	1959-12	
小塔山	滨海水系青口河	江苏	赣榆	386	2.81	0.05	37.69	32.80	1.36	30.30	30.30	373	1959-10	
日照	滨海水系付疃河	山东	日照	548	3.21	0.02	46.57	42.50	1.9	40.00	43.83	1140	1959-6	

— 16 —

表 1-5　　　　　　　　　　　淮河流域重要堤防工程的基本情况表

名　称		起讫地点	堤长/km	防洪保护区基本情况		
				面积/km²	耕地/万 hm²	人口/万人
	总　计	—	641	13152	77.6	708
淮北大堤	淮河左堤	饶台子~下草湾	238	—	—	—
	颍河左堤	茨河铺~饶台子	121	—	—	—
	西淝河左堤	阚町~唐郢子	56	—	—	—
	涡河右堤	西阳集~龟山头	113	—	—	—
	涡河左堤	青阳沟~小街	113	—	—	—
洪泽湖大堤		码头镇~张庄	67.3	27389	129.7	1775
里运河西堤		大汕子格堤以下	60	21603	104.0	1349
灌溉总渠右堤		洪泽湖~海口	161.5	22694	109.0	1395.2
分淮入沂东堤		二河闸~沭阳县城西关	90.3	8407	41.6	565.9
入海水道右堤		—	162.5	22694	109.0	1395.2
蚌埠市圈堤		老虎山~曹山	18.5	45.2	—	76.1
淮南市圈堤		黑龙潭~上窑镇	39.1	484	—	137.2
南四湖湖西大堤		老运河口~蔺家坝	130.8	5577	33.1	480
骆马湖南堤		皂河船闸~井头乡	25.2	1985	10.9	148.6
新沂河左堤		—	147	3386	19.8	199.9
新沂河右堤		—	159	6182	32.7	384.4
新沭河右堤		太平庄闸以下	14	3386	19.8	199.9
淮河干流Ⅱ级堤防		—	59.4	—	—	—
沙颍河漯河以下右堤		—	360	10893	66.3	925
沙颍河周口~茨河铺左堤		—	159	3252.5	21	273
茨淮新河右堤		—	134.2	3984	22	270
茨淮新河左堤		—	134.2	1739	11	104
怀洪新河左堤		—	115	5948	19	250
怀洪新河右堤		—	115	1480	7	78
入江水道上段左堤		—	103.1	1091	5	46
分淮入沂西堤		—	68.3	1985	11	149
入海水道左堤		—	160	2225	9	181
南四湖东堤(矿区段)		—	33.9	431	3	61
韩庄运河堤防		—	82	2821	15	215
中运河堤防		—	115	2685	15	212
沂河祊河口以下堤防		—	236	2224	11	163
沭河汤河口以下堤防		—	203.5	2016	10	141
分沂入沭右堤		—	20	1417	7	104
新沭河右堤		—	44	—	—	—
临淮岗主坝		—	8.55	—	—	—
临淮岗北副坝		—	60.65	—	—	—
临淮岗南副坝		—	8.41	—	—	—

— 17 —

入淮河的分洪水道；2003年全面竣工的怀洪新河，是为了在淮河大水时从怀远分泄淮河部分洪水直接入洪泽湖而开挖的河道，从此漴潼河水系与怀洪新河水系成为一个水系；2003年完成的自二河闸以下二河右堤往东开辟的入海水道，是分泄洪泽湖洪水的又一重要分洪水道。

20世纪50年代开挖的分沂入沭水道、新沭河是沂沭泗河水系的东调工程。分沂入沭将沂河部分洪水分泄至沭河；新沭河分泄沭河部分洪水直接入海；新沂河分泄南四湖和沂河、沭河部分洪水入海。邳苍分洪道是在沂河彭家道口以下的武河口分泄沂河部分洪水入中运河的分洪水道。

三、行蓄（滞）洪区

（一）蓄（滞）洪区

淮河水系的蓄（滞）洪区目前有淮河上的濛洼、城西湖、城东湖和瓦埠湖蓄洪区，沙颖河的泥河洼滞洪区，洪汝河的杨庄、老王坡、蛟停湖滞洪区以及濉河的老汪湖滞洪区。在淮河中游干流上，1951年曾在润河集修建过蓄洪工程，目的是控制正阳关站以上的洪水。在1954年大水中，城西湖进洪闸和淮河拦河闸均遭破坏。1958年拆除润河集枢纽并动工兴建的临淮岗控制工程，在1962年因国家经济困难而停建，2000年开工复建临淮岗控制枢纽，于2006年建成。沂沭泗河水系的蓄（滞）洪区有黄墩湖滞洪区。

濛洼蓄洪区位于淮河干流豫、皖两省的交界处（安徽境内），蓄水面积为$180km^2$，是滞蓄淮河上游洪水的第一处蓄洪工程。蓄洪区工程由蓄洪区圈堤、王家坝进水闸和曹台孜退水闸组成。

城西湖蓄洪区地处淮河右岸沣河下游，集水面积为$1840km^2$。城西湖蓄洪工程原由蓄洪圈堤（包括上格堤、蓄洪大堤和下格堤）、城西湖进水闸、临淮岗深孔闸（作为退水闸）和船闸组成。现有的城西湖蓄洪区工程由上格堤、蓄洪大堤、进水闸和退水闸组成。

城东湖蓄洪区地处淮河右岸汲河下游，集水面积$2170km^2$。城东湖蓄洪区工程由城东湖堤和城东湖闸组成。

瓦埠湖蓄洪区的上游为淮河右岸支流东淝河，集水面积$4183km^2$。瓦埠湖蓄洪区工程由东淝河封闭堤、寿县城墙、牛尾岗堤和东淝闸组成。

泥河洼滞洪区位于河南漯河市西面沙河与澧河之间的泥河洼地，集水面积$103km^2$，由马湾进洪闸（沙河）、罗湾（澧河）进洪闸、纸坊退水闸及泥河洼堤防组成。

杨庄滞洪区原为洪河上1958年兴建的杨庄水库。1962年废库后，于1998年重建为滞洪区，滞洪区由新建的杨庄闸控制，集水面积$81.2km^2$。

老王坡滞洪区位于河南西平县城北、小洪河左侧的淤泥河洼地，集水面积$121.3km^2$，由桂李进洪闸、五沟营退水闸及堤防组成。

蛟停湖滞洪区位于河南新蔡县与平舆县交界处汝河和老汝河之间的洼地，集水面积$45.1km^2$，自1954年修建以来，仅在20世纪五六十年代启用过。

老汪湖滞洪区位于安徽宿州濉河中游支流奎河左岸，是滞蓄奎河洪水的工程。

黄墩湖滞洪区位于中运河西侧，与骆马湖隔河相望，是滞蓄沂沭泗河水系骆马湖以上洪水的重要工程。

淮河流域蓄（滞）洪区的情况见表1-6。

表1-6

淮河流域蓄（滞）洪区基本情况表

名称	所在河流	所在地点	蓄（滞）能力		进洪工程		泄水工程		运用原则		运用年份
			设计蓄洪水位/m	相应蓄洪库容/亿m³	名称	设计流量/(m³/s)	名称	设计流量/(m³/s)	代表站	规定蓄洪水位/m	
蒙洼	淮河	安徽阜南	27.66	7.50	王家坝闸	1626	曹台子闸	2000	王家坝	29.30	1954、1956、1960、1968、1969、1971、1975、1982、1983、1991、2003、2007
城西湖	淮河	安徽霍邱	—	—	城西湖进洪闸	—	城西湖退水闸	—	润河集、正阳关	27.70、26.50	1954、1968、1991
城东湖	淮河	安徽霍邱	25.50	15.9	城东湖闸	1800	城东湖闸	1800	正阳关	26.00	1954、1956、1968、1975、1991、2003
瓦埠湖	淮河	安徽寿县、长丰、淮南	22.00	12.8	东淝老闸、东淝新闸	900、600	东淝老闸、东淝新闸	900、600	—	—	1954
泥河洼	沙颍河	河南舞阳	68.0	2.36	马湾闸、罗湾闸	1730、500	纸房闸	—	马湾、罗湾	69.10、69.70	1955、1956、1957、1958、1961、1963、1964、1965、1968、1969、1972、1975、1979、1982、1998、2000、2004
杨庄	小洪河	河南西平	71.54	2.03	自然进洪	—	杨庄闸	1500	—	—	2000
老王坡	小洪河	河南西平	57.65	1.71	桂李闸	300	五沟营闸	360	桂李	63.00	1954、1955、1956、1957、1958、1963、1964、1965、1967、1968、1969、1975、1979、1980、1982、1983、1984、1988、1989、1998、2000、2001、2004、2007
蛟停湖	汝河	河南新蔡、平舆	41.48	0.58	西洋潭闸	300	徐湾闸	200	进洪闸前	44.21	1954、1956、1965、1968
老汪湖	濉河	安徽宿州	25.50	1.03	柏山闸	344	小李庄闸	106	—	—	1954、1955、1957、1963、1965、1972、1982
黄墩湖	中运河	江苏宿迁、睢宁、邳州	25.5～26.0	14.76	滞洪闸加爆破	6000（含滞洪闸2000）	—	—	预报骆马湖超过26.0m,或骆马湖水位达到25.5m时,启用黄墩湖滞洪区滞洪		1957

— 19 —

（二）行洪区

淮河干流中游的行洪区是流域防洪工程体系中的一个特殊组成部分，在河段泄洪能力不足时作为河道的一部分参与行洪。

在1954年汛前，淮河中游确定的行洪区有南润段、润赵段、赵庙段、任四段（姜家湖）、便峡段、黑张段、六坊堤、石姚段、三茭缕堤（荆山湖）、黄苏段、支荆段、曹临段、晏老段、老小段、小相段、相浮段、潘村洼。经过多年的变化，到20世纪80年代，淮河中游确定的行洪区有童元、黄郢、建湾、南润段、润赵段、邱家湖（赵庙段）、姜家湖（任四段）、唐垛湖（1965年确定）、寿西湖（1957年增加）、董峰湖（便峡段）、上六坊堤、下六坊堤、石姚段、汤渔湖、洛河洼、荆山湖、方邱湖（曹临段）、临北缕堤（临北段）、霍小段（晏小段或花园湖）、香浮段（相浮段）和潘村洼。

到2008年，淮河干流中游的行洪区共计有南润段、邱家湖、姜唐湖（临淮岗洪水控制工程建成后，原姜家湖、唐垛湖合并为姜唐湖）、寿西湖、董峰湖、上六坊堤、下六坊堤、石姚段、汤渔湖、洛河洼、荆山湖、方邱湖、临北段、花园湖、香浮段、潘村洼和鲍集圩17个。新中国成立以来的历次大洪水中均有行洪区参与行洪，各行洪区的基本情况见表1-7。

四、主要湖泊

洪泽湖、高邮湖、邵伯湖、南四湖和骆马湖是淮河流域的主要湖泊。

洪泽湖汇集淮河水系上中游所有来水，是淮河流域最大的湖泊，集水面积15.8万km^2。在水位13.00m时，洪泽湖湖面面积为2152km^2。1949年之前洪泽湖洪水仅有三河口（后建三河闸）一处出路；1952年开辟了苏北灌溉总渠，在淮河大水时可通过高良涧闸分泄洪泽湖洪水入海；1958年开辟了分淮入沂水道，在淮河大水时可通过二河闸相机分泄洪泽湖洪水至沂沭泗河水系的新沂河；2003年建成通水的入海水道，可通过二河闸和二河新闸分泄洪泽湖洪水入海。目前，洪泽湖有三河闸、高良涧闸、二河闸3处出口，各闸的设计流量分别为12000m^3/s、800m^3/s和3000m^3/s。

高邮湖、邵伯湖相继承接洪泽湖三河闸下泄洪水及部分区间来水。

南四湖集水面积为3.12万km^2，是沂沭泗河水系的最大湖泊，自1958年修建拦湖大坝后，分为上级湖和下级湖。1960—1975年先后建了4个节制闸，设计过闸流量共为16910m^3。由于湖腰扩大工程停缓建，第四闸上下游引河尚未开挖，实际设计过闸流量为12420m^3/s。南四湖洪水的主要出口韩庄老闸于1963年修建，经1980年新建新闸后，扩大后的韩庄闸的设计泄洪流量为2050m^3/s。

骆马湖集水面积为5.1万km^2，在1949年开挖了出口水道新沂河，1961年4月建成的嶂山闸，设计过闸流量8000m^3/s，是骆马湖的最大出口。1952年、1958年先后兴建了一线工程（皂河闸）和二线工程（宿迁闸）。

淮河流域湖泊基本情况见表1-8。

五、排涝工程

淮河流域低洼地区主要分布在沿淮、沿支流及其河口、滨湖和里下河地区。沿淮地区当淮河为高水位时，大小支流河口地区和洼地积水难排，甚至出现洪水倒灌。里下河地区

表 1-7　　　　　　　　　　　淮河干流行洪区基本情况表

名称	所在地点	行洪堤长/km	耕地面积/万亩	人口/万人	实际堤顶高程/m	设计行洪水位 代表站	设计行洪水位 水位/m	设计行洪流量/(m³/s)	运用年份
南润段	安徽颍上	9.70	1.35	1.00	29.1 ~ 27.8	南照集	27.90	2600	1954、1956、1960、1962、1963、1968、1969、1975、1977、1980、1982、1983、1991、2007
邱家湖	安徽颍上	12.68	3.0	0.44	28.9	赵集（汪集）	25.60	3100	1954、1955、1956、1960、1963、1964、1968、1969、1975、1982、1983、1984、1991、2003
姜家湖	安徽霍邱	16.49	5.0	2.00	27.3 ~ 26.9	临淮岗闸下	25.40	600	1952、1954、1955、1956、1960、1963、1964、1968、1969、1971、1975、1982、1983、1984、1991
唐垛湖	安徽颍上	24.44	10	3.714	27.0 ~ 26.7	正阳关	25.00	3100	1963、1964、1968、1969、1970、1971、1972、1975、1977、1980、1982、1983、1984、1991、2003
姜唐湖	安徽霍邱、颍上	—	13.2	1.81	28.3	润河集	27.70	2400	—
						临淮岗坝前	27.00		
						正阳关	26.00 ~ 26.50		
寿西湖	安徽寿县	21.57	15.9	7.64	28.1 ~ 26.5	鲁台子	25.90	3200	1954
董峰湖	安徽凤台	13.86	4.50	1.97	25.8 ~ 25.4	焦岗闸下	24.60	3000	1954、1956、1968、1975、1982、1983、1991、1996
上六坊堤	安徽凤台、淮南	19.20	1.05	0.0	24.90 ~ 24.40	凤台	23.90	2800	1954、1956、1960、1963、1968、1969、1975、1982、1991、2003、2007
下六坊堤	安徽淮南	22.85	2.1	0.0	24.6 ~ 24.3	凤台	23.90	2800	1954、1956、1960、1963、1968、1969、1975、1982、1991、2003、2007
石姚段	安徽淮南	11.73	2.25	0.0	25.2 ~ 24.1	淮南	23.20	3000	1954、1956、1963、1975、1982、1991、2003、2007
汤渔湖	安徽淮南、怀远	24.26	7.5	5.53	25.9 ~ 25.20	淮南	24.25	4300	—
洛河洼	安徽淮南	11.80	1.95	0	23.8 ~ 23.3	淮南	22.50	600	1963、1964、1968、1975、1982、1991、2003
荆山湖	安徽怀远	29.81	8.55	0.086	23.7 ~ 22.8	淮南	23.15	3500	1954、1956、1975、1982、1991、2003、2007
方邱湖	安徽蚌埠、凤阳	29.81	8.4	5.09	22.80 ~ 21.40	吴家渡	21.60	3500	1954、1956
临北段	安徽五河	19.60	3.00	2.1	22.2 ~ 21.7	临淮关	19.90	2700	—
花园湖	安徽凤阳、五河	30.35	15.45	7.4	21.50 ~ 20.20	临淮关	19.90	5200	1954、1956
香浮段	安徽五河	23.14	5.85	1.81	20.0 ~ 18.6	五河	18.60	3100	1954、1956
潘村洼	安徽明光	39.27	16.95	5.44	19.1 ~ 17.6	浮山	18.10	4600	1954
鲍集圩	江苏泗洪	37.9	11.4	5.17	19.7 ~ 16.5	浮山	18.10	3510	—

表1-8

淮河流域主要湖泊基本情况表

名称	所在河流	所在地点	蓄(滞)能力 水位/m	蓄(滞)能力 容量/亿m³	进洪工程 名称	进洪工程 设计流量/(m³/s)	泄水工程 名称	泄水工程 设计流量/(m³/s)	运 用 原 则	备注
洪泽湖	淮河	江苏	17.00	135.14	淮河干支流无控制	—	三河闸 二河 高良涧闸	12000 3000 800	汛期蒋坝限制水位为12.50m。蒋坝水位达到12.50m时,采用入江水道,灌溉总渠及废黄河泄洪;淮、沂洪水不遭遇时,采用入海水道。蒋坝水位达到13.50~14.00m时,滨湖圩区破圩蓄洪。蒋坝水位超过14.50m时,三河闸下泄流量为12000 m³/s,如三河闸以下区间水大,高邮湖水位达9.50m大,或遇台风影响时,三河闸要控制下泄,确保洪泽湖大堤和里运河大堤安全	汛期蒋坝限制水位13.50m时,采用入江水道,灌溉总渠及废黄河分洪。蒋坝水位达到15.00m时,滨湖圩区破圩蓄滞洪
高邮湖	入江水道	江苏	9.50	37.80	三河闸下泄	12000	无控制	—		
邵伯湖	入江水道	江苏	8.85	8.70	高邮湖来水无控制	12000	万福闸 太平闸 金湾闸	7460 1950 3200	—	
骆马湖	沂河、中运河	江苏	26.00	19.00	沂河、中运河沭水无控制	—	嶂山闸 宿迁闸 六塘河闸 皂河闸	6000 600 600 1000	水位超过24.50m时考虑退守宿迁大控制,并控制嶂山闸下泄流量,使新沂河沭阳流量不超过7000m³/s,如预报骆马湖水位达到26.00m,当水位达到25.50m时,利用黄墩湖滞洪,确保宿迁大控制的安全	
南四湖上级湖	大运河	山东	36.50	23.10	无		一闸 二闸 三闸 溢流坝	4500 3300 4620 2100	南阳水位达34.20m时,二级坝枢纽开闸下泄。南阳水位超过36.50m时,二级坝组敞泄。预报南阳水位超过36.00m时,二级坝组全力下泄,湖洪连地滞洪	
南四湖下级湖	大运河	山东、江苏	36.00	30.78	上级湖泄水工程	16910	韩庄新闸 韩庄老闸 伊家河闸 蔺家坝闸 老运河闸	1250 800 200 423 250	微山站水位达32.50m时,韩庄枢纽开闸,视南四湖、中运河水情,下级湖尽量下泄。预报微山站水位不超过36.00m,如中运河运河站水位达26.50m或骆马湖水位超过25.00m时,韩庄闸枢纽控制下泄。预报微山站中运河运河超过36.00m,尽可能控制中运河运水位不超过36.00m。当微山站水位超过36.00m,韩庄枢纽尽量泄洪,滨湖连地敞泄。当韩庄流量不超过5500m³/s,蔺家坝闸参加泄洪,在不影响徐州城市、工矿安全的前提下,蔺家坝闸参加增加泄洪	

由于地势低洼，自流排水极为困难。多年来虽然兴建了许多提排工程，但能力有限，一遇暴雨，涝灾仍然相当严重。

目前淮河水系沿淮、滨湖、里下河地区和沂沭泗河水系大型和重要的排涝站工程有60多处（表1-9），其中大部分还兼有灌溉、调水等效用。

表1-9　　　　　　　　　　　淮河流域重要排涝站工程情况表

站　名	所在地	所在河流	装机台数	装机容量/kW	设计流量/(m³/s)	建成年份	备注
上堵口	安徽阜南	淮　河	12	3960	34.5	1974	排灌
陶坝孜	安徽颍上	淮　河	8	2000	15.7	1989	排灌
陈　村	安徽霍邱	淮　河	4	4000	25.5	1963	排灌
姜家湖	安徽霍邱	淮　河	6	1360	14.0	1995	排灌
西湖(工农兵)	安徽霍邱	淮　河	11	8800	84.7	1969	排灌
陈郢	安徽霍邱	淮　河	6	2400	21.9	2005	排灌
王截流	安徽霍邱	淮　河	11	1630	16.5	1969	排灌
建　设	安徽寿县	淮　河	10	1550	15.9	1966	—
大　店	安徽寿县	淮　河	5	1650	17.0	1967	—
时　渚	安徽寿县	淮　河	11	1565	12.3	1985	—
永幸河	安徽凤台	淮　河	25	3875	36.0	1979	排灌
架　河	安徽淮南	淮　河	18	2790	24.3	1969	排灌
汤渔湖	安徽淮南	淮　河	5	1650	13.5	1965	排灌
祁　集	安徽淮南	淮　河	8	1240	10.8	1969	排灌
十二门塘	安徽怀远	淮　河	7	1275	10	1956	排灌
黄疃窑	安徽怀远	淮　河	9	1565	8.17	1972	排灌
张家沟	安徽怀远	淮　河	7	1085	10.0	1974	排灌
上　桥	安徽怀远	茨淮新河	8	1440	10	1960	排灌
长　淮	安徽蚌埠	淮　河	10	1550	20	1977	—
小蚌埠	安徽蚌埠	淮　河	12	1660	18.2	1965	—
沫河口	安徽五河	淮　河	12	1660	28.7	1964	—
三　冲	安徽五河	淮　河	11	1280	13.3	1966	—
新　集	安徽五河	淮　河	7	1750	19.8	1987	排灌
郜家湖	安徽五河	淮　河	10	1225	12.7	1965	—
茭　陵	江苏淮安	废黄河	12	9600	96	1979	排灌
茭陵二站	江苏淮安	废黄河	15	3900	50	—	—
大　套	江苏滨海	引江济黄	17	4420	50	1985	排灌
大套二站	江苏滨海	通榆河	6	4800	60	1979	排灌
瓜　洲	江苏邗江	古运河	14	1120	21	1975	排灌
施　桥	江苏邗江	长　江	35	3087	31.5	1980	排灌
十二圩	江苏仪征	长　江	15	1950	26	1974	排灌

站 名	所在地	所在河流	装机台数	装机容量/kW	设计流量/(m³/s)	建成年份	备注
土 桥	江苏仪征	长 江	8	1040	14	1974	排灌
北 凌	江苏如东	北凌河	30	2646	30	1983	排涝冲淤
江都一站	江苏江都	里运河	8	8000	81.6	1963	调水排涝
江都二站	江苏江都	里运河	8	8000	81.6	1964	调水排涝
江都三站	江苏江都	里运河	10	16000	135	1969	调水排涝
江都四站	江苏江都	里运河	7	21000	210	1977	调水排涝
淮安一站	江苏淮安	运河总渠	8	6400	60	1974	调水排涝
淮安二站	江苏淮安	运河总渠	2	10000	120	1979	调水排涝
石 港	江苏金湖	入江水道	240	13200	130	1974	调水排涝
高 港	江苏泰州	泰州引江	9	18000	300	2000	排灌
刘山南站	江苏邳州	不牢河	60	3300	30	1978	排灌
刘山北站	江苏邳州	不牢河	22	6160	50	1984	排灌
民便河站	江苏邳州	不牢河	22	1100	10	1983	排灌
刘 集	江苏邳州	房亭河	66	3630	33	1983	—
郑 集	江苏铜山	微山湖	20	4300	50	1971	排灌
庄 场	江苏新沂	运河	20	1100	13	1971	排灌
临洪西站	江苏东海	乌龙河	3	9000	90	1979	—
临洪东站	江苏连云港	蔷薇河	12	36000	360	1998	—
大浦站	江苏连云港	大浦河	6	4800	40	2002	—
皂 河	江苏宿迁	中运河	2	14000	195	1985	调水排涝
泥 沟	山东枣庄	胜利渠	13	2015	13.2	1977	排灌

六、临淮岗洪水控制工程

原临淮岗洪水控制工程于1958年动工兴建，是具有灌溉和防洪效益的大型水库，1962年因经济困难而停建。1991年淮河大水后，确定重新兴建临淮岗洪水控制工程。工程于2001年开工兴建，2006年建成。

临淮岗洪水控制工程为Ⅰ等大（1）型工程，设计洪水标准为100年一遇。坝上设计洪水位为28.51m，滞洪库容85.6亿m³，下泄流量7360m³/s；校核洪水标准为1000年一遇，坝上校核洪水位为29.59m，滞洪库容121.3亿m³，下泄流量17965m³/s。工程主要由主坝、副坝、拦河闸（12孔深孔闸、49孔浅孔闸）、姜唐湖进洪闸、船闸等组成。

七、沂沭河东调工程

沂沭河东调工程是为了扩大沂沭河洪水出路，利用原有的分沂入沭河道和新沭河，通过河道扩大和建闸控制，使大部分洪水由新沭河直接东调入海。东调工程自1971年11月动工，先后建成了沂河彭道口分洪闸、新沭河大官庄闸。1991年淮河大水以后又进行分沂入沭调尾工程、沭河人民胜利堰闸工程。在进行上述工程的同时又完成了分沂入沭、新沭河扩大及桥梁涵洞等工程。

第六节 水 文 站 网

一、基本站网

（1）水文站。2008 年，淮河流域片现有基本水文站 335 处，总面积 33 万 km^2，平均密度 985km^2/站。水文站网密度不达标的有淮河上游区、史灌河水系、其他水系均在容许最稀水文站网密度范围内。站网密度最大的是淮河下游区，为 594km^2/站，最小的为淮河中游区，为 2466km^2/站。

（2）雨量站。淮河流域片现有雨量站点 1824 个，平均密度为 181km^2/站，各水系以及各省区均已达到世界组织推荐的容许最稀雨量站密度。颍河、涡河、淮河下游区、沂沭泗河以及沿海诸小河等平原区均远高于容许最稀雨量站密度，在今后的站网规划中建议精简；而在淮河上游南岸山丘区，沂蒙山区由于时常发生局部暴雨，需要适当增加。

（3）蒸发站。淮河流域片现有水面蒸发站 107 个，平均站网密度为 3084km^2/站，总体上已达标。但是淮河上游区只有 3 站，站网密度为 6026km^2/站；淮河中游区只有 2 站，站网密度为 16026km^2/站；潲河水系只有 1 站，6000km^2/站，不达标。密度最高的为洪河水系，为 1769km^2/站。淮河流域片现有蒸发站网稀疏不均，密度最高的洪河水系是密度最低的淮河中游区的 7.5 倍。淮河中游区和潲河水系应适当增加蒸发站。

（4）地下水站。淮河流域片现有地下水观测井 2564 眼，平均站网密度为 129km^2/站，站网密度较低，尤其是安徽境内，平均站网密度仅 372km^2/站。淮河流域片现有地下水观测井主要集中在淮北平原和山东半岛以及江苏北部地区。密度最大的是涡河水系，为 67km^2/站。淮河区现有地下水站网布局存在以下问题：一是现有地下水站点多为淮北平原的浅层地下水监测井（民用），淤积、损毁严重；二是在具有供水意义大的大型水源地、大中城市、深层地下水开采区以及部分地下水超采区缺少地下水监测站网，亟待增设。

二、水文自动测报站网

为准确快速地采集水情信息，从 1984 年起开始兴建淮河流域水文自动测报系统。1985 年 4 月，水利部淮河水利委员会（简称"淮委"）利用意大利政府赠款在淮河上游建成由 5 个水位雨量站和 3 个雨量站组成的淮河试验性水文自动测报系统。随着鲇鱼山等一批大型水库水文自动测报子系统的相继建设，到 1995 年 6 月，站网已扩展到 89 个，其中水位雨量站 35 个、雨量站 54 个。2000 年国家防汛指挥系统开始实施，2001 年淮河流域建成驻马店、阜阳、徐州、连云港、临沂 5 个水情示范区，增设了一批水文自动测报站。随着淮河干流上中游河道整治及堤防加固工程，2006 年又建成信阳、平顶山和六安地区水文自动测报站。到 2007 年汛前，全流域相继已建成 37 个包括重要河段、大型水库、防洪枢纽和水情示范区在内的水文自动测报系统，共有水位站 310 个和雨量站 616 个。水文自动测报系统的建成，加快了淮河流域水情信息采集、传输的速度，在淮河流域防汛工作中发挥了重要作用。

第二章 雨 情 分 析

第一节 概 述

2008年，淮河流域面平均降水量为919mm，较历年同期偏多2%。其中，淮河水系为928mm，较历年同期略偏少，沂沭泗河水系为900mm，较历年同期偏多13%。除沙颍河上游以东至南四湖上级湖及里下河东部外，其他地区降水量在800mm以上。淮河鲁台子以上沿淮南、沙颍河中游、涡河中游局部、沂沭河中下游至洪泽湖周边及里下河西部地区的降水量超过1000mm，其中大别山区为1500mm以上，史灌河上游桥边河站为1824.0mm，为最大降水量点。2008年淮河流域年降水量等值线见图2-1。

与历年同期相比，沙颍河周口以上、涡河亳州以上、淮河淮滨—润河集沿淮及以南、鲁台子以下淮河以南—入江水道、里下河东部及南部偏少，局部偏少达20%以上，沙颍河上游大营站偏少32%，为偏少最大点；淮河淮滨以上、淮北各支流中下游、洪泽湖以北各支流、沂沭泗河大部偏多，局部超过20%，其中沂沭河中下游—邳苍区—新沭河—骆马湖周边地区偏多达20%以上，邳苍地区小马庄站偏多48%，为偏多最大点，2008年淮河流域年降水量距平见图2-2。

一、汛前（1—5月）降水

2008年汛前（1—5月），淮河流域面平均降水量为265mm，较历年同期偏多16%。其中，淮河水系为290mm，较历年同期偏多12%。沂沭泗河水系为205mm，较历年同期偏多31%。淮河以北支流上游、南四湖水系及沂沭河上游降水量为100～200mm，淮北各支流中游到邳苍地区及里下河地区为200～300mm，淮河以北支流中下游及淮河以南地区、新沭河、新沂河降水量超过300mm，淮河上游沿淮及淮北至洪汝河及大别山局部超过400mm，淮河上游梁庙站为567.7mm，为最大降水量点（图2-3）。

与历年同期相比，沙颍河上游、潢河—史灌河—淠河中上游、里下河东南部偏少，淠河上游偏少20%以上，佛子岭水库上游土寺站偏少37%，为偏少最大点；流域其他地区降水量偏多，其中淮河沿淮淮北支流中下游、沂沭泗河南四湖上级湖大部、沂沭河水系偏多20%以上，洪汝河—沙颍河—涡河中游及沭河以东至新沂河地区偏多50%以上，洪河贺道桥站偏多128%，为偏多最大点（图2-4）。

二、汛期（6—9月）降水

2008年汛期（6—9月），淮河流域平均降水量596mm，较历年同期偏多5%。其中，淮河水系为570mm，与历年同期基本持平，沂沭泗河水系为657mm，较历年同期偏多17%。沙颍河及涡河上游、淮河中游沿淮局部及里下河东部降水量为200～500mm，其他大部降水量超过500mm。其中，大别山区、沂沭河中下游到骆马湖周边地区降水量超过700mm，局部达

1000mm 以上，溧河上游前畈站为 1202.0mm，为最大降水量点（图 2-5）。

与历年同期相比，淮河以南大部、沙颍河大部及沂沭泗河大部偏多，其他大部偏少。其中息县—王家坝沿淮以南、沙颍河局部、新汴河上游局部、南四湖下级湖、沂沭河中下游到洪泽湖北边偏多 20% 以上，新汴河上游夏邑站偏多 64%，为偏多最大点；淮河干流局部、里下河东南部偏少 20% 以下，淮河干流润河集站偏少 37%，为偏少最大点（图 2-6）。

三、汛后（10—12 月）降水

2008 年汛后（10—12 月），淮河流域面平均降水量为 58mm，较历年同期偏少 44%。其中，淮河水系和沂沭泗河水系面平均降水量分别为 68mm 和 38mm，较历年同期分别偏少 40% 和 50%。淮河以北支流中上游及沂沭泗河大部降水量不足 50mm，洪汝河、淮北各支流中下游以南到里下河地区、沂沭河中游局部降水量超过 50mm，其中大别山区、洪泽湖北边及里下河中部降水量达 100mm 以上，溧河上游宋家河站为 212.8mm，为最大降水量点（图 2-7）。

与历年同期相比，洪泽湖北部、里下河北部和山东沿海付疃河偏多 20% 以上，付疃河日照水库偏多 132%，为偏多最大点；流域其他地区较历史同期偏少 20% 以上，其中淮河干流淮滨—鲁台子沿淮、淮北支流上游到南四湖地区偏少 50% 以上，颍河许昌偏少 88%，为偏少最大点（图 2-8）。

最大雨量站：
史河上游 桥边河 1824.0mm

图 2-1 2008 年淮河流域年降水量等值线图

— 27 —

最大值站:

东洳河 小马庄 48%

最小值站:

颍河上游 大 营 -32%

图 2 - 2 2008 年淮河流域年降水量距平图

最大雨量站:

潢河上游 梁 庙 567.7mm

图 2 - 3 2008 年汛前（1—5 月）淮河流域降水量等值线图

最大值站：
洪　河　贺道桥　128%
最小值站：
潩河上游　上土寺　-37%

图 2-4　2008 年汛前（1—5 月）淮河流域降水量距平图

最大雨量站：
潩河上游　前　畈　1202.0mm

图 2-5　2008 年汛期（6—9 月）淮河流域降水量等值线图

图 2-6 2008 年汛期（6—9 月）淮河流域降水量距平图

图 2-7 2008 年汛后（10—12 月）淮河流域降水量等值线图

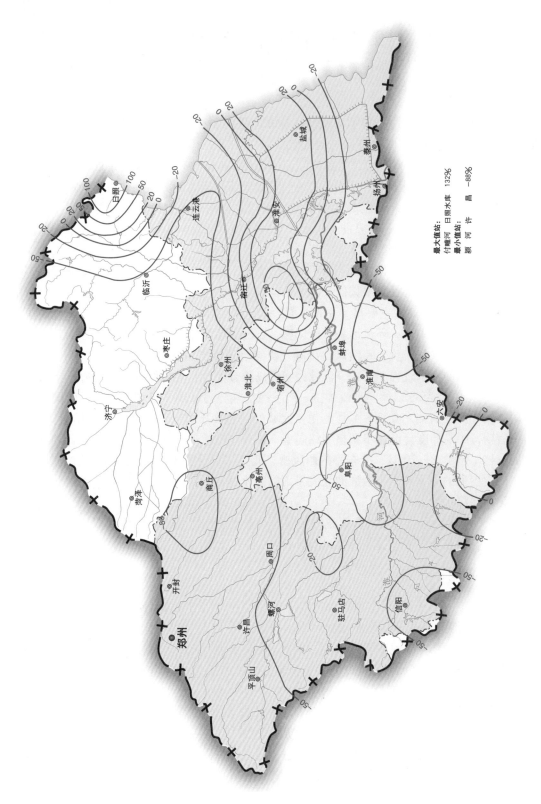

图2-8　2008年汛后（10—12月）淮河流域降水量距平图

最大值站：
付疃河　日照水库　132%
最小值站：
颍　河　许　昌　-88%

第二节 天 气 形 势

一、汛前（1—5月）

2008年汛前（1—5月），影响流域的冷空气前强后弱，流域气温1—2月偏低，3—5月偏高；降水1月、4—5月偏多，2—3月偏少。

1月，欧亚中高纬度高度场（简称"欧亚中高纬"）异常表现为西高东低，乌拉尔山位势高度异常偏高，有利于冷空气不断从西伯利亚地区分裂南下。副高较常年同期明显偏强偏西、脊线位置异常偏北，副高西侧暖湿气流与北方南下冷空气交汇，造成流域1月10—12日，18—20日、25—27日的3次大~暴雪的降雪天气，也同样造成了我国大部地区温度异常偏低和罕见的雨雪、冰冻天气。

2月，流域主要受冷高压控制，南下冷空气偏强，副高位置偏东，南支槽偏弱，暖湿气流不活跃，造成流域2月气温偏低，降水偏少。

3月上旬，欧亚中高纬主要呈"两槽一脊"型，贝加尔湖地区为高压脊，流域处高压脊底部，天气晴好。中旬，环流形势有所调整，亚洲中高纬地区至青藏高原地区为宽广的低压槽区，南方暖湿气流较上旬活跃，冷暖气流结合造成流域3月12—13日、15—18日的2次中~大雨的降水过程。下旬，流域为河套高压脊前西北气流控制，天气晴好。

4月，亚洲中高纬度以纬向环流为主，南下冷空气势力较弱，流域气温较常年同期偏高，副高较常年同期偏东偏弱。4月上旬，流域处河套高压脊前西北气流，无明显降水。上旬中后期，中高纬度环流逐步调整为纬向型，多短波槽活动。中旬后期巴尔喀什湖槽加深发展东移。4月18—20日，受东移的西风槽、低涡切变线及低空急流共同影响，流域出现历史同期少见的大~暴雨、沿淮淮北大暴雨的降水过程。4月下旬，流域转受西北气流控制，无明显降水。

5月，新疆东部至河套地区多短波槽活动，冷空气活动频繁，但强度偏弱，副高偏东偏弱。受高空槽东移影响，流域降水过程多（4次中~大雨降水过程）。

二、汛期（6—9月）

2008年汛期（6—9月），影响淮河流域冷空气活动频繁，副高位置总体偏南，导致夏季温度比常年同期明显偏低，高温日数少，降水过程较多，降水强度偏弱，降水总量偏多。

6月上中旬，影响流域冷空气偏弱，降水偏少。6月中旬末，副高增强西伸北抬，6月20日，淮河梅雨期开始，入梅时间接近常年（6月19日）。7月上旬，随着副高进一步增强，7月6日淮河梅雨期结束，出梅时间较常年同期（7月13日）偏早。由于副高强度偏弱且脊线位置不稳定，梅雨期流域多分布不均雷阵雨降水，降水量比常年梅雨期偏少，属非典型性梅雨期。7月中下旬，冷空气活动频繁。7月21—24日，受高空槽影响，四川东南部有西南涡生成并移出，低涡切变线穿过流域北部进入黄海，沿途带来强降水，流域大部出现暴雨降水过程。7月29日—8月2日，受台风"凤凰"登陆北上和弱冷空气共同影响，淮河中下游出现暴雨~大暴雨。

8月极涡偏强且整体偏向欧亚一侧，有利于冷空气向我国扩散。副高偏强偏西偏南，多冷空气南下和副高偏强造成流域降水明显偏多。13—17日，受高空槽、低涡和切变线共同影响，流域普降大~暴雨，其中淮河上游和大别山区出现大暴雨。28—30日，受高空槽和低层切变线影响，流域大部出现中~大雨，淮河鲁台子以上沿淮淮南出现暴雨~大暴雨。9月亚洲中高纬度环流平直，无明显冷空南下，降水明显偏少。

三、汛后（10—12月）

10—12月，影响流域的冷空气活动偏弱，流域气温偏高，降水明显偏少。

10月，亚洲中高纬为"两槽一脊"型，东亚沿海槽区强度接近常年平均，贝加尔湖高压脊区强度偏弱，影响流域冷空气过程较多，强度偏弱。

11月上旬，亚洲中高纬度环流总体上是西高东低的形势，流域受偏西北气流控制，天气晴好。11月10日以后，亚洲中高纬度形成一个宽广的低压槽区，冷空气活动开始增多。11月中旬后期和下旬中期，有2次明显的影响流域的冷空气活动，但降水不明显。

12月，欧亚中高纬环流较平直，东亚槽偏弱，我国大部分地区为西北气流控制，影响流域的冷空气的强度偏弱，降水偏少。

第三节　逐　月　降　水

1月，淮河流域降水量为48mm，较历年同期偏多129%。其中，淮河水系为59mm，较历年同期偏多146%，沂沭泗河水系为20mm，较历年同期偏多54%。

淮河流域除淮北支流上游及沂沭泗河水系中上游降水量为10~25mm外，其他地区降水量达25mm以上。其中淮北各支流下游至淮河以南及里下河大部降水量超过50mm，史灌河及潢河大部降水量超过100mm，潢河上游张冲站为146.0mm，瓦埠河吴山站降水量为153.5mm，为最大降水量点（图2-9）。

与历年同期相比，沂沭泗河水系东北部较历史同期偏多20%~50%，流域其他地区偏多50%以上，淮河水系大部偏多100%以上，驻马店地区李新店站偏多328%，为偏多最大点（图2-10）。

2月，淮河流域降水量6mm，较历年同期偏少78%。其中，淮河水系为7mm，较历年同期偏少78%，沂沭泗河水系为4mm，较历年同期偏少76%。

全流域仅淮河以南支流上游及里下河南部降水量超过10mm，其余大部均不足10mm。里下河南部通启河闸站降水量为39.1mm，为最大降水量点（图2-11）。

与历年同期相比，流域大部均较历史同期偏少50%以上，洪河新蔡站偏少92%，为偏少最大点（图2-12）。

3月，淮河流域降水量20mm，较历年同期偏少57%。其中，淮河水系为25mm，较历年同期偏少54%，沂沭泗河水系为10mm，较历年同期偏少63%。

沙颍河—涡河上游局部、南四湖大部及沂沭河上游不足10mm，洪汝河大部、淮河鲁台子以上沿淮及以南、洪泽湖周边、里下河中南部超过25mm，其中桐柏山区—大别山区降水量达50mm以上，小潢河涩港店站为75.1mm，为最大降水量点（图2-13）。

与历史同期相比，除洪汝河局部偏多外，流域其他地区较历史同期偏少20%以上，洪汝河以东淮北各支流大部、淮河中游鲁台子—洪泽湖沿淮以南大部、南四湖大部、沂沭河上中游大部较历史同期偏少50%以上，沙颍河上游荥阳站偏少98%，为偏少最大点（图2-14）。

4月，淮河流域降水量为99mm，较历年同期偏多68%。其中，淮河水系为106mm，较历年同期偏多61%，沂沭泗河水系为84mm，较历年同期偏多95%。流域大部降水量超过50mm，其中淮河小柳巷以上淮北各支流中下游以南地区、骆马湖周边至新沂河降水量达100mm以上，淮河上游局部、洪汝河中游局部降水量超过200mm，淮河上游闾河店站为314.1mm，为最大降水量点（图2-15）。

与历年同期相比，大别山区及里下河中南部较历史同期偏少，里下河海安站偏少51%，为偏少最大点；流域其他地区降水量较历史同期偏多50%以上。其中，洪泽湖以上淮北各支流中下游到淮河沿淮、南四湖大部、沂沭河到新沂河偏多100%以上，局部超过300%，大运河宿迁闸站偏多342%，为偏多最大点（图2-16）。

5月，淮河流域降水量为92mm，较历年同期偏多21%。其中，淮河水系为93mm，较历年同期偏多11%，沂沭泗河水系为87mm，较历年同期偏多55%。除淮河北部沿黄一带降水量不足50mm外，流域其他地区降水量均在50mm以上，其中，桐柏山局部、大别山区、淮河以北各支流中游到新沂河一带、沂沭河东部及里下河南部降水量超过100mm，局部超过200mm，降水中心颍河中游水寨站为246.3mm，竹竿河上游宣化店站为237.2mm，洪河贺道桥站为233.3mm（图2-17）。

与历年同期相比，沙颍河及涡河上游、南四湖上级湖北部、潢河、史灌河、淠河及池河上游和里下河局地降水量偏少20%以上，局部偏少50%以上，沙颍河上游临颍站偏少66%，为偏少最大点；流域其他地区偏多20%以上，其中，淮北各支流中游、洪泽湖周边及入江水道、沂沭河以东到新沂河偏多50%以上，局部超过100%，洪河中游贺道桥站偏多236%，为偏多最大点（图2-18）。

6月，淮河流域降雨量为101mm，较历年同期偏少17%，其中，淮河水系为93mm，较历年同期偏少27%，沂沭泗河水系为119mm，较历年同期偏多17%。沙颍河周口以上、洪汝河降水量不足50mm，其他地区降水量50mm以上，淮河南部、沂沭泗河水系大部及洪泽湖以东里下河地区降水量在100mm以上，大别山区局部超过300mm，淠河上游泗州河站为420.5mm，为最大降水量点（图2-19）。

与历年同期相比，淮河洪泽湖以上普遍偏少20%以上，其中沙颍河及洪汝河大部、桐柏山区偏少50%以上，沙颍河上游瓦屋站偏少91%，为偏少最大点；南四湖大部、沂沭河中下游到里下河地区偏多20%以上，南四湖上级湖局部、里下河局部偏多50%以上，上级湖梁济运河后营站偏多114%，为偏多最大点（图2-20）。

7月，淮河流域降雨量为267mm，较历年同期偏多27%，其中，淮河水系为252mm，较历年同期偏多22%，沂沭泗河水系为304mm，较历年同期偏多36%。全流域普遍降水量达100mm以上，淮河干流息县以上、大别山区、沙颍河中游局部、南四湖下级湖以东沂沭河至苏北灌溉总渠降水量达300mm以上，大别山区局部、邳苍地区、中运河局部降水量超过400mm，降水中心西淝河王市集站为528.5mm，邳苍分洪道小马庄站为519.5mm，潢河浒湾站为504.9mm（图2-21）。

与历年同期相比，流域大部降水量较历史同期偏多，其中桐柏山、沙颍河中上游—涡河中游—南四湖下级湖湖西、沂沭河上游、邳苍分洪道到新沂河偏多50%以上，局部超过

100%，新汴河上游夏邑站偏多142%，为偏多最大点；史灌河、池河、涡河上游局部及里下河中东部较历史同期偏少，局部偏少50%以上，里下河大丰闸站偏少74%，为偏少最大点（图2-22）。

8月，淮河流域降水量为184mm，较历年同期偏多22%，其中，淮河水系为184mm，较历年同期偏多25%，沂沭泗河水系为184mm，较历年同期偏多14%。流域大部地区降水达100mm以上，淮河上游沿淮及以南至大别山区、沂沭河中游以东至新沭河降水量达200mm以上，桐柏山南部至大别山降水量达300mm以上，局部超过400mm，潢河上游朱冲站为547.0mm，史河上游子母河站为504.0mm，为最大降水量点（图2-23）。

与历年同期相比，沙颍河上游、沂沭泗河北部、洪泽湖西部、里下河局部较历年同期偏少20%以上，沙颍河上游局部偏少超过50%，沙颍河李湾站偏少81%，为偏少最大点；淮河蚌埠以上沿淮及以南、沂沭河中游及邳苍分洪道偏多50%以上，竹竿河、潢河、史灌河上游偏多100%以上，潢河潢川站偏多196%，为偏多最大点（图2-24）。

9月，淮河流域降水量44mm，较历年同期偏少47%，其中，淮河水系为41mm，较历年同期偏少52%，沂沭泗河水系为50mm，较历年同期偏少35%。淮河中游沿淮、汝河上游、涡河中游降水量不足25mm，其他地区降水量均达25mm以上，沙颍河中上游、涡河上游、南四湖上级湖湖西和北部、中运河以东新沭河、新沂河、里下河局部降水量达50mm以上，潢河及沙颍河上游降水量超过100mm，局部超过200mm，潢河上游浒湾站为216.1mm，为最大降水量点（图2-25）。

与历年同期相比，沙颍河上游、潢河及灌河上游、上级湖北部、老沭河局部偏多20%以上，局部偏多超过50%，沙颍河上游登封站偏多83%，为偏多最大点；流域其他地区降水量偏少20%以上，淮北各支流中下游以南及里下河大部、沂沭河上游偏少50%以上，淮河上游趸孜集站偏少100%，为偏少最大点（图2-26）。

10月，淮河流域降水量为40mm，较历年同期偏少20%，其中，淮河水系为47mm，较历年同期偏少13%，沂沭泗河水系为25mm，较历年同期偏少36%。

洪汝河中上游、鲁台子以上淮河以南地区、沙颍河—涡河中游局部、洪泽湖周边—里下河中北部、沭河东部超过50mm，其中大别山区、里下河东部沿海局部、沭河东部沿海局部超过100mm，付疃河日照水库站为192.5mm，为最大降水量点（图2-27）。

与历年同期相比，淮北各支流上游及南四湖地区及淮河沿淮地区偏少20%以上，许昌站偏少93%，为偏少最大点；其余地区偏多，桐柏山、大别山局部、沭河东北部、洪泽湖周边—里下河大部偏多20%以上，其中沭河东部、洪泽湖北边、里下河中部偏多50%以上，局部偏多100%以上，沭河日照水库站偏多342%，为偏多最大点（图2-28）。

11月，淮河流域降水量为12mm，较历年同期偏少65%，其中，淮河水系为14mm，较历年同期偏少63%，沂沭泗河水系为7mm，较历年同期偏少71%。

淮河以北大部及沂沭泗河水系降水量不足10mm，史灌河—淠河上中游、里下河南部降水量超过25mm，其中大别山区局部超过50mm，里下河南部启东站为90.2mm，为最大降水量点（图2-29）。

与历史同期相比、全流域基本较历史同期偏少20%以上；除大别山区、洪泽湖北部诸支流下游及里下河大部外，其余大部均较历史同期偏少50%，淮河上游桐柏站偏少99%，为偏少最大点（图2-30）。

最大雨量站：

瓦埠河 吴 山 153.5mm

淠河上游 张 冲 146.0mm

图 2-9 2008 年 1 月淮河流域降水量等值线图

最大值站：

淮河上游 李新店 328%

最小值站：

泗　河 波罗树 −17%

图 2-10 2008 年 1 月淮河流域降水量距平图

最大雨量站：
里下河　通启河闸　39.1mm

图 2 - 11　2008 年 2 月淮河流域降水量等值线图

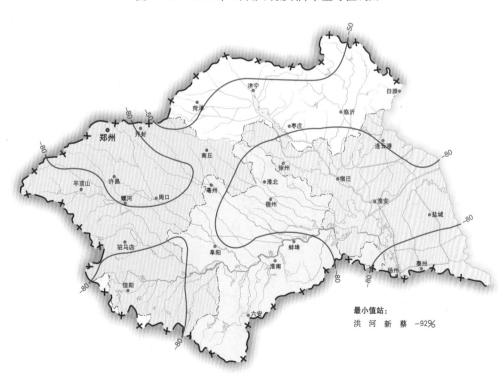

最小值站：
洪河新蔡　-92%

图 2 - 12　2008 年 2 月淮河流域降水量距平图

最大雨量站：
小潢河　涩港店　75.1mm

图 2-13　2008 年 3 月淮河流域降水量等值线图

最大值站：
汝河　板　桥　27%
最小值站：
贾鲁河　荥　阳　-98%

图 2-14　2008 年 3 月淮河流域降水量距平图

最大雨量站：
洣河上游　闾河店　314.1mm

图 2-15　2008 年 4 月淮河流域降水量等值线图

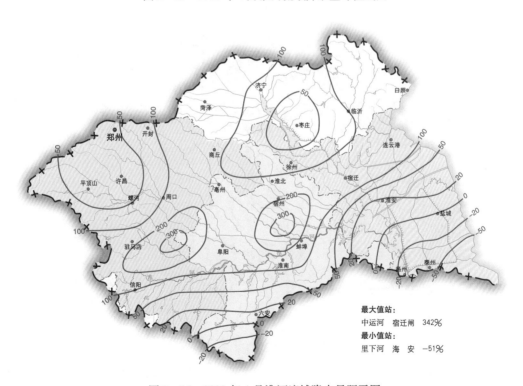

最大值站：
中运河　宿迁闸　342%
最小值站：
里下河　海安　-51%

图 2-16　2008 年 4 月淮河流域降水量距平图

最大雨量站：
颍河中游 水 寨 246.3mm
竹竿河上游 宣化店 237.2mm

图 2 - 17 2008 年 5 月淮河流域降水量等值线图

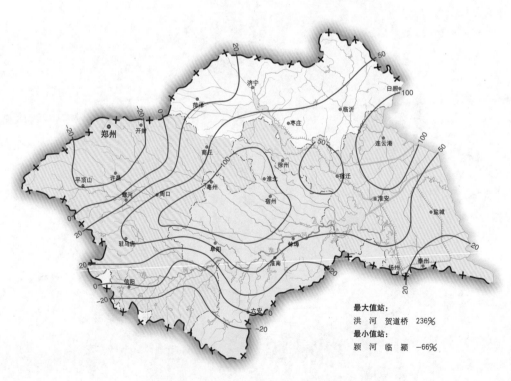

最大值站：
洪河 贺道桥 236%
最小值站：
颍河 临颍 -66%

图 2 - 18 2008 年 5 月淮河流域降水量距平图

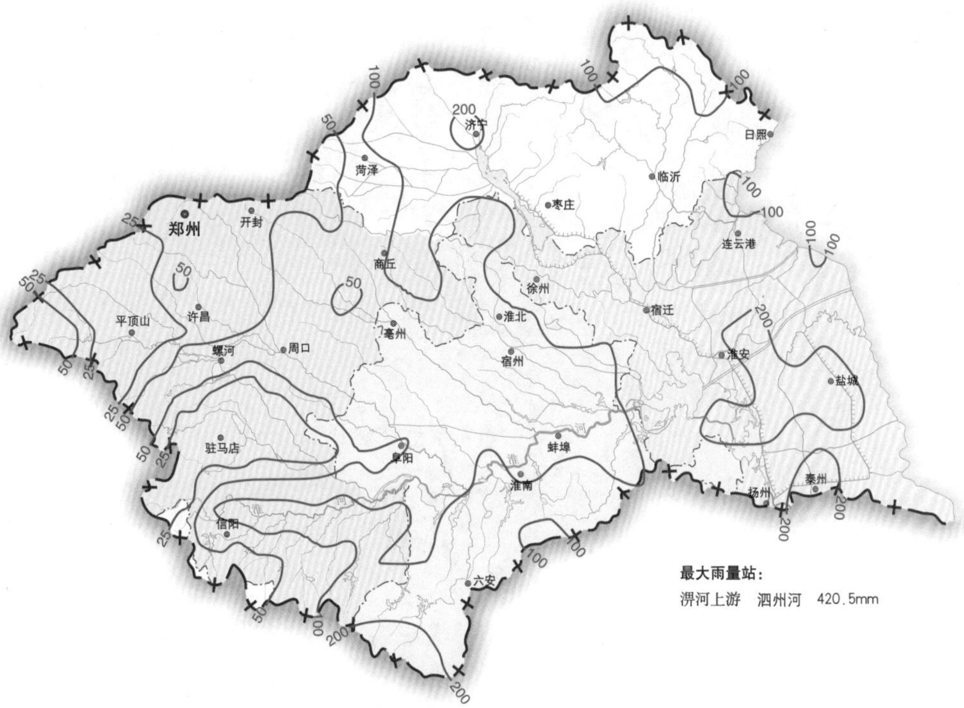
济宁
日照
菏泽
临沂
枣庄
郑州
开封
连云港
商丘
徐州
许昌
平顶山
宿迁
淮北
亳州
漯河
周口
淮安
宿州
盐城
驻马店
阜阳
蚌埠
淮南
泰州
扬州
信阳
六安
最大雨量站：
淠河上游　泗州河　420.5mm

图 2-19　2008 年 6 月淮河流域降水量等值线图

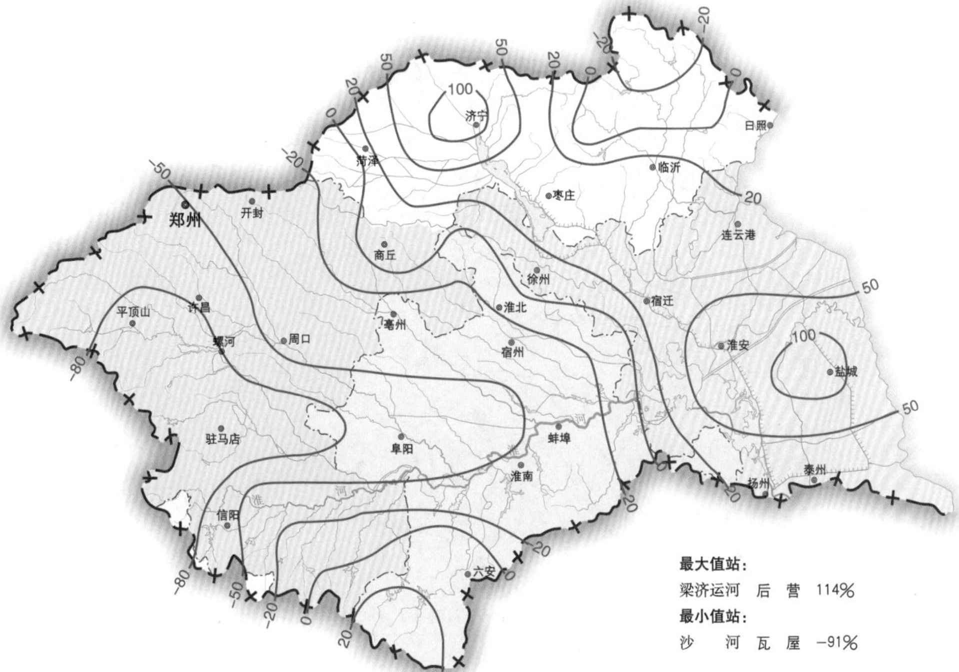
济宁
日照
菏泽
临沂
枣庄
郑州
开封
连云港
商丘
徐州
许昌
平顶山
宿迁
淮北
亳州
漯河
周口
淮安
宿州
盐城
驻马店
阜阳
蚌埠
淮南
扬州
泰州
信阳
六安
最大值站：
梁济运河　后　营　114%
最小值站：
沙　　河　瓦　屋　-91%

图 2-20　2008 年 6 月淮河流域降水量距平图

最大雨量站：
西淝河 王市集 528.5mm
邳苍分洪道 小马庄 519.5mm
潢　河 浒湾 504.9mm

图 2-21　2008 年 7 月淮河流域降水量等值线图

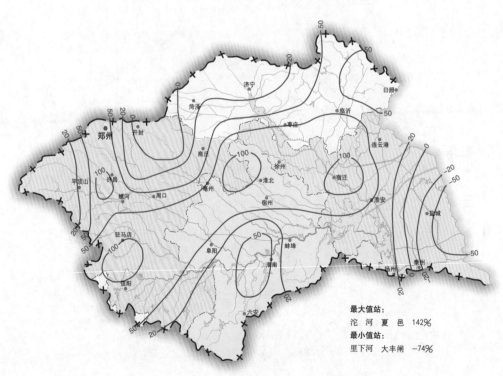

最大值站：
沱河 夏邑 142%
最小值站：
里下河 大丰闸 -74%

图 2-22　2008 年 7 月淮河流域降水量距平图

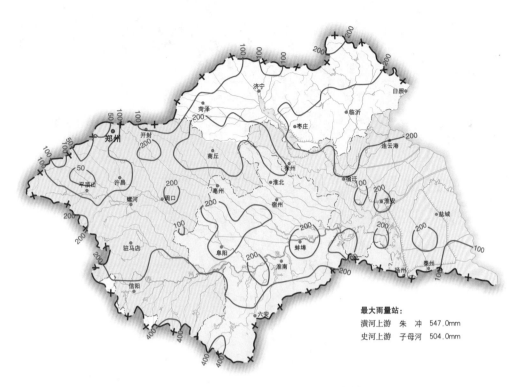

最大雨量站：
潢河上游　朱　冲　547.0mm
史河上游　子母河　504.0mm

图 2 - 23　2008 年 8 月淮河流域降水量等值线图

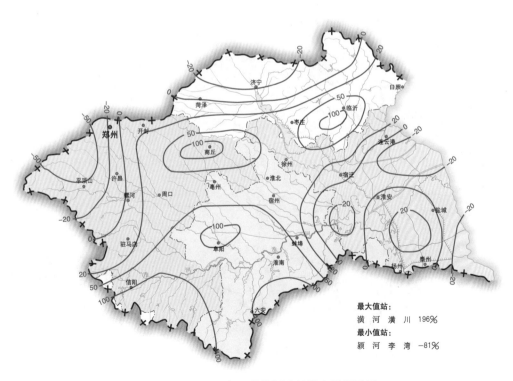

最大值站：
潢河　潢川　196%
最小值站：
颍河　李湾　-81%

图 2 - 24　2008 年 8 月淮河流域降水量距平图

最大雨量站：

潢河上游 浒 湾 216.1mm

图2-25 2008年9月淮河流域降水量等值线图

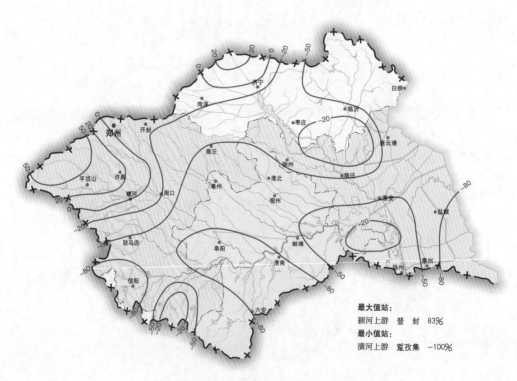

最大值站：

颍河上游 登 封 83%

最小值站：

潢河上游 矬孜集 -100%

图2-26 2008年9月淮河流域降水量距平图

最大雨量站：
付疃河　日照水库　192.5mm

图 2 - 27　2008 年 10 月淮河流域降水量等值线图

最大值站：
付疃河　日照水库　342%
最小值站：
颖河许昌　-93%

图 2 - 28　2008 年 10 月淮河流域降水量距平图

最大雨量站：
里下河 启 东 90.2mm

图 2-29　2008 年 11 月淮河流域降水量等值线图

最大值站：
泖河上游 上土寺 2%
最小值站：
淮河上游 桐 柏 -99%

图 2-30　2008 年 11 月淮河流域降水量距平图

— 46 —

最大雨量站：
里下河 坚 镇 44.0mm

图 2 - 31　2008 年 12 月淮河流域降水量等值线图

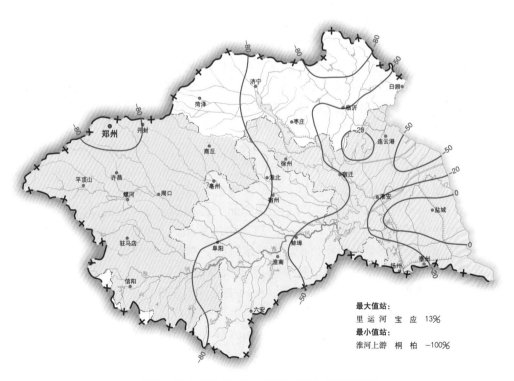

最大值站：
里运河 宝 应 13%
最小值站：
淮河上游 桐 柏 -100%

图 2 - 32　2008 年 12 月淮河流域降水量距平图

12 月，淮河流域降水量为 6mm，较历年同期偏少 68%，其中，淮河水系为 7mm，较历年同期偏少 67%，沂沭泗河水系为 6mm，较历年同期偏少 54%。

淮河中游以南至里下河中南部地区、新沭河—新沂河超过 10mm，里下河东部局部降水量超过 25mm，里下河东部沿海坚镇站降水量为 44.0mm，为最大降水量点（图 2-31）。

与历年同期相比，除里下河局部外，流域其他地区较历史同期偏少 20% 以上，淮河水系大部、南四湖地区及沂沭河中上游较历史同期偏少 50% 以上；淮河上游桐柏站偏少 100%，为偏少最大点（图 2-32）。

第四节　主要暴雨过程

2008 年，淮河流域出现 5 次主要降水过程，分别为 4 月 18—20 日、7 月 21—24 日、7 月 29 日—8 月 2 日、8 月 13—17 日、8 月 28—30 日。

一、4 月 18—20 日

4 月 18—20 日，淮河流域出现了 2008 年的第 1 次暴雨过程，全流域普遍降水达 25mm 以上。降水主要分布在淮河以北支流中下游及以南支流大部、骆马湖—新沂河—新沭河，其中淮河息县以上、淮北各支流中下游至骆马湖一带降水量达 100mm 以上，局地超过 200mm，暴雨中心徐洪河凌城站为 279.6mm；淮河上游王堂站为 177.5mm（图 2-33）。本次降水导致淮河干流主要控制站出现明显涨水过程，淮河干流王家坝站出现 2008 年首次超警戒水位的洪水过程。

18 日，降水首先出现在流域西部，淮河以北支流大部出现大雨，局地暴雨，洪汝河下游里桥站日雨量达 126.2mm；19 日雨强增大，雨区扩大至全流域，淮河王家坝以上、淮河中下游沿淮及以北支流中下游和新沂河出现暴雨~大暴雨，洪泽湖以北支流徐洪河下游凌城站日雨量达 265.2mm；20 日雨势减弱，淮河水系大部降雨渐止，雨区移至沂沭泗河水系及里下河地区，除南四湖上级湖及沂沭河大部大雨外，其余地区均为小到中雨。

二、7 月 21—24 日

7 月 21—24 日，淮河北部、淮河中游南部及里下河东南部降水量为 50mm 以下，流域其他地区降水量达 50mm 以上，淮滨以上、洪汝河中上游以东沙颍河、涡河中游、南四湖下级湖至沂河降水量超过 100mm，局部超过 200mm，暴雨中心淮河上游二道河站降水量为 345.0mm，涡河中游观堂站为 339.3mm，沙颍河小郑营站为 338.0mm（图 2-34）。本次降水使淮河干流、淮北支流及沂河出现较大洪水过程，淮河淮滨站和王家坝站出现入汛以来首次超警戒水位洪水，淮北支流出现 2008 年最大洪水过程。

7 月 21 日，降水首先出现在流域西部，雨区主要分布在鲁台子以上大部及涡河中游局部地区；22 日雨强增大，雨区扩展到全流域。淮河王家坝以上大部、流域北半部大部、洪泽湖周边及里下河局部普降暴雨，其中洪汝河大部、沙颍河—涡河中游出现大暴雨。沙颍河小郑营站、涡河十河站日雨量分别达到 295.4mm、259mm。23 日雨强和雨区范围减小，洪泽湖以北支流上游、邳苍区、沂沭河大部出现暴雨。暴雨中心沂河泉庄站日雨量高达 110.4mm；24 日大范围的降雨停止，仅洪汝河上游、沙颍河—涡河局部为中到大雨。

三、7月29日—8月2日

7月29日—8月2日，降水主要分布在淮河中游以南支流大部、沂沭泗河水系东部及里下河大部，淮河中下游沿淮淮南至里下河大部中运河以东至沭河新沂河降水量超过50mm，淮河正阳关至洪泽湖沿淮淮南至里下河中西部降水量超过100mm，暴雨中心里下河淮安仇桥站降水量为283.0mm，入江水道铜城站为279.3mm（图2-35）。本次降水导致里下河部分河流出现超警戒水位洪水。

7月29日，降水首先出现在流域偏东部，雨区主要分布在淮河中游以南支流及里下河地区。其中大别山区局部及里下河中部大雨，局地暴雨；30日沂沭泗河水系东部、南部至里下河地区北部普降暴雨，局部大暴雨。运河泗阳闸站和沂河史集站日雨量分别达209.4mm和190.0mm；31日雨强和雨区范围明显减小，仅鲁台子周边沿淮局部大到暴雨；8月1日降水主要集中在淮河沿淮及以南和里下河地区，其中鲁台子—洪泽湖沿淮以南大部及里下河西部出现暴雨~大暴雨。池河石角桥站和淮河蚌埠站日雨量分别为214.0mm和185mm；8月2日，降水逐渐停止。

四、8月13—17日

8月13—17日，全流域流普降大到暴雨，流域大部分地区降水量超过50mm，润河集以上沿淮及以南、淮北支流中下游局部、沭河东部降水量超过100mm，暴雨中心潢河上游姜河站次雨量为287.4mm（图2-36）。本次降水导致淮河干流出现一次明显的涨水过程，淮河干流淮滨站和王家坝站均超警戒水位，淮滨—蚌埠（吴家渡）河段主要控制站出现本年最高水位和最大流量。

13日，雨区主要分布在淮河蚌埠以上、南四湖及沂沭河大部，其中王家坝以上淮河以南大部普降暴雨，暴雨中心淮河上游新集站降水量为130.6mm；14日雨区东移，大别山区局部、洪泽湖周边及里下河大部出现大雨，局部暴雨。洪泽湖北部岔河站和潩河姜河站日雨量分别达104.1mm和101.6mm；15日大范围的降雨渐止，仅鲁台子以上淮河以南中到大雨，局部暴雨；16日，降雨范围遍及全流域，淮河以北支流下游及淮河鲁台子以南大部普降暴雨，其中桐柏山区、大别山区、洪汝河—沙颍河—涡河下游局部出现大暴雨，桐柏山区长洲河站日雨量达174.5mm；17日，淮河水系降雨停止，雨区主要分布在沂沭泗河水系。南四湖—骆马湖以东大部普降大雨，其中东部沿海出现暴雨，局地大暴雨，滨海河流挑沟站日雨量达169.0mm。

五、8月28—30日

8月28—30日，淮河流域部分地区出现一次中到大雨，局部暴雨，淮河鲁台子以上沿淮淮南、沂沭河中游及新沭河降水量超过50mm，淮河正阳关以上淮南各支流中上游降水量超过100mm，暴雨中心竹竿河上游宣化店站次雨量为228.5mm（图2-37）。本次降水使淮河干流王家坝站出现超警戒水位的洪水过程。

28日，降水首先出现在淮河鲁台子以上淮河以南大部，桐柏山区—大别山区出现大到暴雨，29日雨区扩大至鲁台子以上大部地区，桐柏山区—大别山区普降暴雨，局部大暴雨，潢河潢川站日雨量达142.3mm；30日，淮河水系降雨强度有所减弱，降雨中心东移至沂沭泗河水系。涡河中游、沂沭河大部、南四湖下级湖—骆马湖普降大雨，局部暴雨。

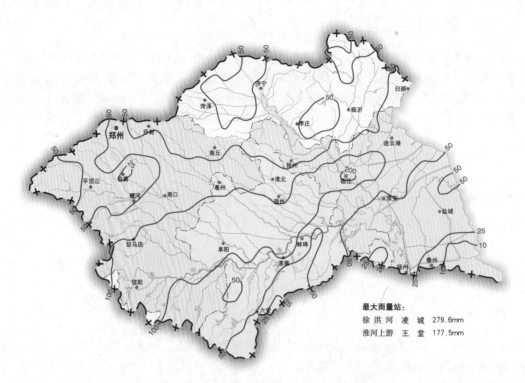

最大雨量站：
徐洪河 凌 城 279.6mm
淮河上游 王 堂 177.5mm

图 2-33　2008 年 4 月 18—20 日淮河流域降水量等值线图

最大雨量站：
淮河上游 二道河 345.0mm
涡河中游 观 堂 339.3mm
沙颖河 小郑营 338.0mm

图 2-34　2008 年 7 月 21—24 日淮河流域降水量等值线图

最大雨量站：

里下河　仇　桥　283.0mm

入江水道　桐　城　279.3mm

图2－35　2008年7月29日—8月2日淮河流域降水量等值线图

最大雨量站：

潢河上游　姜　河　287.4mm

图2－36　2008年8月13—17日淮河流域降水量等值线图

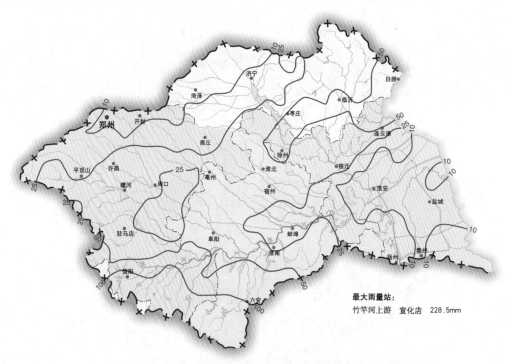

最大雨量站:
竹竿河上游 宣化店 228.5mm

图2－37 2008年8月28—30日淮河流域降水量等值线图

第五节 雨 量 排 位

2008 年，淮河流域面平均降水量为919mm，列1953年以来第31位，其中，淮河水系降雨量928mm，排第35位；沂沭泗河水系降水量900mm，排第15位。

2008 年汛期淮河流域平均降水量为596mm，列1953年以来第23位。其中，淮河水系降水量为570mm，排第28位；沂沭泗河水系降水量657mm，排第16位。

淮河流域1953—2008年历年降水量过程线见图2－38。

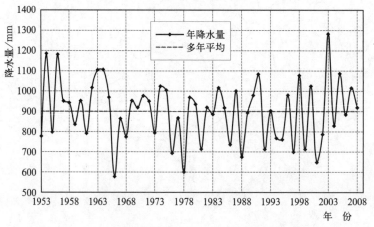

图2－38 淮河流域1953—2008年历年降水量过程线

第三章 水情分析

2008 年淮河水系出现了自 1964 年以来同期最大的春汛，淮河干流淮滨站、王家坝站出现了 2～4 次超警戒水位 0.26～0.98m 的洪水过程；淮南支流竹竿河、潢河和白露河出现了 1～2 次超警戒水位 0.07～1.18m 的洪水；入江水道及里下河地区部分河流出现了 2～3 次超警戒水位 0.1～0.14m 的洪水；受骆马湖泄洪影响，新沂河沭阳站出现超警戒水位过程。淮河干流典型代表站王家坝（总）站和鲁台子站的日平均流量过程线见图 3-1。王家坝流量（总）包含淮河干流王家坝站、官沙湖分洪道钐岗站、洪河分洪道地理城站及王家坝闸 4 站流量之和，由于 2008 年王家坝闸未开闸，故 2008 年王家坝总流量为淮河干流王家坝站、官沙湖分洪道钐岗站、洪河分洪道地理城站 3 站流量之和。文中未作特别说明时，王家坝站流量均指王家坝总流量。

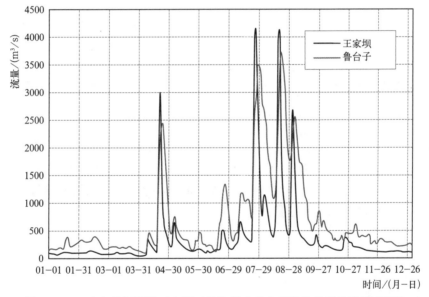

图 3-1 2008 年淮河干流王家坝（总）站和鲁台子站的日平均流量过程线

第一节 洪 水 过 程

一、淮河水系

受降水影响，2008 年 4 月下旬、7 月下旬、8 月中旬、8 月底至 9 月初，淮河干流王家坝站出现 4 次超警戒水位洪水过程。其中 4 月下旬，王家坝站第 1 次出现洪峰水位为 27.78m 的超警戒水位洪水过程，是自 1964 年以来超警戒水位的最大春汛，7 月下旬、8 月中旬、8 月底至 9 月初王家坝站出现超警戒水位 0.73m、0.98m 和 0.05m 的 3 次洪水过

— 53 —

程；淮滨站分别于7月下旬、8月中旬出现超警戒水位0.26m和0.72m的洪水过程；淮南各支流于8月中旬至9月初出现2次超警洪水过程，其中竹竿河竹竿铺站出现了超警戒水位0.15m和1.18m的洪水过程；潢河潢川站出现了超警戒水位1.09m和0.60m的洪水过程；白露河北庙集站出现了超警戒水位0.07m的洪水过程。淮河干流主要控制站4—9月水位过程线见图3-2。

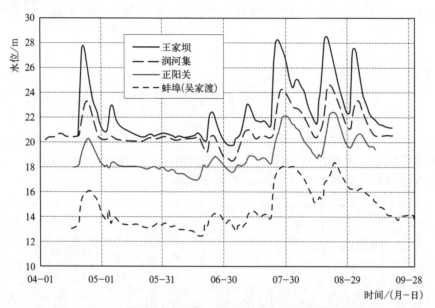

图3-2　2008年淮河干流主要控制站4—9月水位过程线

6—8月，入江水道金湖站出现了超警戒水位0.58m的洪水过程；里下河地区西塘河建湖站出现了超警戒水位0.14m的洪水过程，射阳河阜宁站出现了超警戒水位0.13m的洪水过程，南官河兴化站出现了超警戒水位0.10m的洪水过程；新沂河沭阳站出现了超警戒水位1.50m和0.39m的洪水过程。

（一）淮河干流

1．息县站

2008年息县站共出现4次明显洪水过程，最高水位均在警戒水位以下。

第1次洪水：4月18日16时，水位自32.95m起涨（相应流量为27m³/s），4月21日4时出现洪峰水位40.10m，相应洪峰流量为2980m³/s。

第2次洪水：为2008年最大洪水，7月22日16时水位自33.22m起涨（相应流量为80m³/s），24日15时出现2008年最高水位40.95m（低于警戒水位0.55m），相应洪峰流量为3740m³/s。

第3次洪水：8月13日20时水位自33.27m起涨（相应流量为100m³/s），8月17日19时出现洪峰水位40.25m，相应洪峰流量为3220m³/s。

第4次洪水：8月29日20时水位自33.22m起涨（相应流量为113m³/s），8月31日10时出现洪峰水位38.56m，相应洪峰流量为1880m³/s。

2008年淮河息县站4—9月水位流量过程线见图3-3。

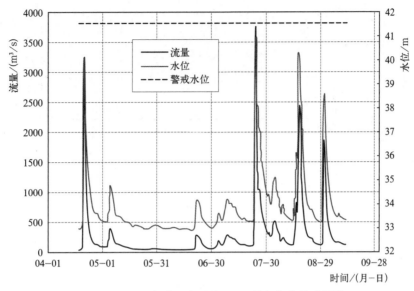

图 3-3　2008 年淮河息县站 4—9 月水位流量过程线

2．淮滨站

2008 年淮滨站共出现 4 次明显洪水过程，其中 4 月下旬的洪峰水位接近警戒水位，7 月下旬和 8 月下旬共有 2 次超过警戒水位洪水过程。

第 1 次洪水：4 月 19 日 16 时水位自 20.68m 起涨（相应流量为 75m³/s），4 月 22 日 5 时出现洪峰水位 29.23m，相应洪峰流量为 2320m³/s。

第 2 次洪水：7 月 22 日 14 时水位自 21.46m 起涨（相应流量为 162m³/s），25 日 10 时涨到超警戒水位（29.50m），25 日 20 时出现洪峰水位 29.76m，超警戒水位 0.26m，相应洪峰流量为 2820m³/s，26 日 14 时退至警戒水位以下，超警戒水位历时约 26h。

第 3 次洪水：8 月 14 日 5 时水位自 21.71m 起涨（相应流量为 190m³/s），18 日 4 时起超警戒水位，18 日 22 时出现年最高洪峰水位 30.22m，超警戒水位 0.72m，相应洪峰流量为 3160m³/s。20 日 2 时退至警戒水位以下，超警戒水位历时约 2d。

第 4 次洪水：8 月 29 日 22 时水位自 22.47m 起涨，9 月 1 日 12 时达到洪峰水位 28.93m，相应洪峰流量为 2420m³/s。

2008 年淮河淮滨站 4—9 月水位流量过程线见图 3-4。

3．王家坝站

2008 年王家坝站共出现 4 次超警戒水位的洪水过程。

第 1 次洪水：4 月 19 日 20 时水位自 20.57m 快速上涨，21 日 17 时 39 分水位为 27.50m，达到警戒水位，22 日 9 时 24 分出现洪峰水位 27.78m，超警戒水位 0.28m，为 1964 年以来同期最高水位，相应洪峰流量（总）为 3280m³/s。23 日 1 时退至警戒水位以下，超警戒水位历时 31h。

第 2 次洪水：7 月 22 日 14 时水位自 21.19m 起涨，7 月 24 日 23 时起超警戒水位，26 日 2 时出现洪峰水位 28.23m，超警戒水位 0.73m，相应洪峰流量（总）为 4240m³/s，28 日 14 时退至警戒水位以下，超警戒水位历时 4d。本次洪水过程涨水历时 57h，水位涨幅 7.04m。

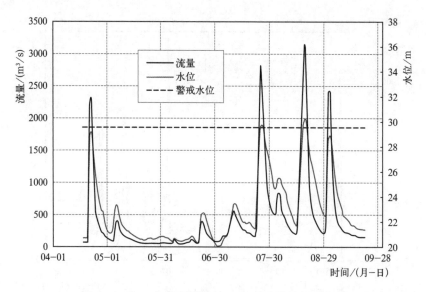

图 3-4 2008 年淮河淮滨站 4—9 月水位流量过程线

第 3 次洪水：8 月 14 日 6 时水位自 21.44m 起涨，17 日 21 时达到警戒水位，18 日 23 时 12 分出现年最高洪峰水位 28.48m，超警戒水位 0.98m，相应洪峰流量（总）为 4310m³/s，涨水历时 113h，水位涨幅为 7.04m。21 日 2 时退至警戒水位以下，超警戒水位历时约 77h。

第 4 次洪水过程：8 月 30 日 2 时水位自 22.25m 起涨，9 月 1 日 14 时超过警戒水位，17 时 42 分出现洪峰水位 27.55m，超警戒水位 0.05m，相应洪峰流量（总）为 2700m³/s，9 月 2 日 3 时退至警戒水位以下，涨水历时 60h，水位涨幅为 5.3m，超警戒水位历时 11h。

2008 年淮河王家坝站 4—9 月水位流量过程线见图 3-5（a），王家坝站各断面流量过程线见图 3-5（b）。

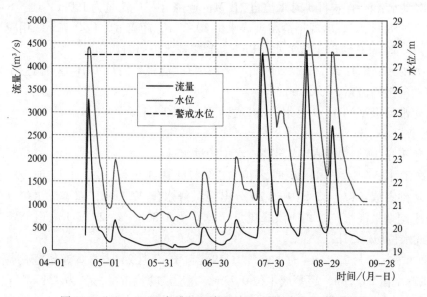

图 3-5（a） 2008 年淮河王家坝站 4—9 月水位流量过程线

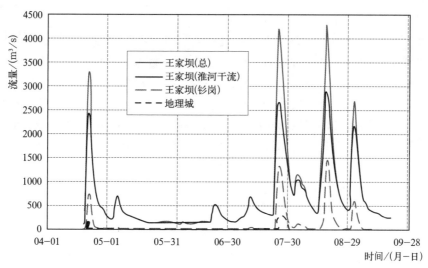

图 3-5（b） 2008 年王家坝站各断面流量过程线

4．润河集站

2008 年润河集站共出现 4 次明显洪水过程，最高水位均在警戒水位以下。

第 1 次洪水：4 月 20 日 0 时水位自 20.44m 起涨（相应流量为 140m³/s），4 月 23 日 22 时 36 分达到洪峰水位 23.30m，相应洪峰流量为 2230m³/s。

第 2 次洪水：7 月 22 日 8 时水位自 20.27m 起涨（相应流量为 393m³/s），7 月 28 日 3 时 30 分出现洪峰水位 24.26m，相应洪峰流量为 3100m³/s。

第 3 次洪水：2008 年最大洪水过程，8 月 14 日 6 时 48 分水位自 20.33m 起涨（相应流量为 551m³/s），8 月 20 日 17 时出现年最高洪峰水位 24.68m，相应洪峰流量为 3720m³/s。

第 4 次洪水过程：8 月 30 日 8 时水位自 21.06m 起涨（相应流量为 800m³/s），9 月 3 日 7 时 12 分出现洪峰水位 23.33m，相应流量为 2350m³/s。

2008 年淮河润河集站 4—9 月水位流量过程线见图 3-6。

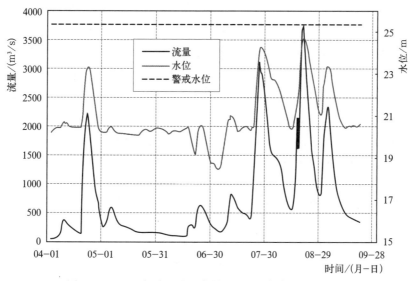

图 3-6　2008 年淮河润河集站 4—9 月水位流量过程线

5. 正阳关（鲁台子）站

2008年正阳关（鲁台子）站共出现4次明显洪水，最高水位均在警戒水位以下。

第1次洪水：4月18日8时正阳关水位自17.95m起涨，相应鲁台子流量为210m³/s，24日16时出现洪峰水位20.28m，相应鲁台子洪峰流量为2470m³/s。

第2次洪水：7月22日8时水位自18.22m起涨，相应鲁台子流量为739m³/s，7月28日23时42分正阳关站出现洪峰水位22.07m，相应鲁台子洪峰流量为3510m³/s。

第3次洪水：8月16日8时水位自18.84m起涨，相应鲁台子流量为1190m³/s，8月21日20时6分时出现年最高洪峰水位22.43m，相应鲁台子洪峰流量为3740m³/s。

第4次洪水过程：8月30日8时水位自19.56m起涨，相应鲁台子流量为1750m³/s，9月4日8时正阳关站出现洪峰水位20.68m，相应鲁台子流量为2590m³/s。

2008年淮河正阳关（鲁台子）站4—9月水位流量过程线见图3-7。

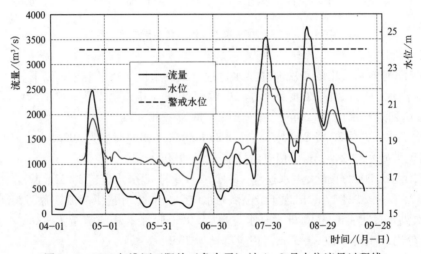

图3-7　2008年淮河正阳关（鲁台子）站4—9月水位流量过程线

6. 蚌埠（吴家渡）

2008年，蚌埠（吴家渡）共出现3次较明显洪水过程，分别为4月下旬、7月下旬和8月下旬—9月初，最高水位均在警戒水位以下。

第1次洪水：4月17日6时水位自13.03m起涨（相应流量为189m³/s），4月25日4时出现洪峰水位16.09m，相应洪峰流量为2750m³/s。

第2次洪水：7月22日14时水位自13.74m起涨（相应流量为784m³/s），7月28日23时30分出现本次洪水最高水位18.07m，相应流量为4390m³/s。

第3次洪水：8月14日8时水位自15.06m起涨（相应流量为1720m³/s），8月23日0时出现年最高洪峰水位18.30m，相应流量为4470m³/s。

2008年淮河蚌埠（吴家渡）站4—9月水位流量过程线见图3-8。

7. 洪泽湖

汛前，洪泽湖蒋坝站水位基本处于正常蓄水位以上，5月4日4时48分出现2008年最高水位13.87m，超正常蓄水位0.87m，超警戒水位0.37m。之后水位持续下降，6月20日降至年最低水位12.37m，汛期水位基本都在汛限水位以上，汛后水位保持在正常蓄水位 13.00m 以上。

4—9 月，三河闸多次开闸泄洪。4 月 21 日 10 时 30 分开闸，5 月 10 日 10 时关闸，期间最大泄洪流量为 350m³/s；6 月 23 日 11 时开闸，6 月 30 日 9 时 30 分关闸，期间最大泄洪流量为 500m³/s。7 月 13 日 10 时开闸，9 月 6 日 10 时关闸，8 月 3 日 8 时最大泄洪流量为 6400m³/s。与此同时洪泽湖最大出湖流量为 6522m³/s（三河闸、二河闸、高良涧闸和高良涧电站合成）。洪泽湖汛期总出湖水量约 233 亿 m³。

2008 年洪泽湖蒋坝站 4—9 月日平均水位过程线见图 3—9。

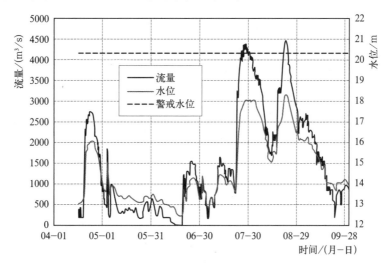

图 3－8　2008 年淮河蚌埠（吴家渡）站 4—9 月水位流量过程线

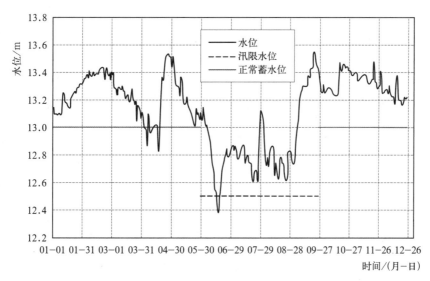

图 3－9　2008 年洪泽湖蒋坝站 4—9 月日平均水位过程线

（二）淮南诸支流

汛前，4 月淮南各支流有 1 次较小的涨洪过程，洪峰流量大多不超过 500m³/s。汛期，6—7 月淮南各支流洪水过程均不大，主要的洪水发生在 8 月。8 月淮南各支流出现 2008

年最大洪水过程，其中竹竿河竹竿铺站、潢河潢川站分别在8月中下旬及8月底出现1次超警戒洪水过程，白露河北庙集站在8月中下旬出现1次超警戒洪水过程。

1. 竹竿河

竹竿河竹竿铺站在汛前4月20日19时30分出现最高水位44.86m，相应洪峰流量为728m³/s。

7月下旬，竹竿河竹竿铺站有1次小的涨水过程。7月22日9时22分，竹竿铺水位自41.34m起涨（相应流量为12.9m³/s），7月24日1时30分出现洪峰水位44.20m，相应洪峰流量为508m³/s。

8月中下旬，竹竿河竹竿铺站出现2008年第1次超警戒水位洪水过程。8月13日16时水位自41.30m起涨（相应流量为14.7m³/s），17日6时超过警戒水位，17日8时出现洪峰水位45.85m，超警戒水位0.15m，相应洪峰流量为1030m³/s，17日12时退至警戒水位以下，超警戒水位历时约4h。

8月底，竹竿河竹竿铺站出现2008年第2次超警戒水位洪水过程，也是2008年最大的1次洪水过程。8月29日12时，竹竿铺站水位自41.46m起涨（相应流量为23m³/s），30日17时超过警戒水位，31日0时出现年最高洪峰水位46.88m，超警戒水位1.18m，相应洪峰流量为1830m³/s，31日10时退至警戒水位以下，超警戒水位历时约17h。

2008年竹竿河竹竿铺站4—9月水位流量过程线见图3-10。

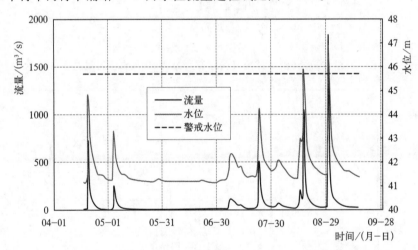

图3-10　2008年竹竿河竹竿铺站4—9月水位流量过程线

2. 潢河

潢河潢川站在汛前4月21日4时出现洪峰水位35.32m，相应洪峰流量为254m³/s。

7月，潢河潢川站共有2次洪峰流量均不超过500m³/s的洪水过程。

第1次洪水：7月8日8时，潢川站水位自33.85m起涨，7月10日10时达到洪峰水位35.81m，相应洪峰流量为404m³/s。

第2次洪水：7月14日16时，潢川站水位自33.86m起涨，7月21日16时水位达到34.89m开始回落，21日20时水位自34.06m再次起涨，至7月23日21时出现洪峰水位36.14m，相应洪峰流量为462m³/s。

8月中下旬，潢河潢川站出现2008年第1次超警戒水位洪水过程，也是潢川站2008年最大的洪水过程。8月13日16时，潢川站水位自33.88m（相应流量28.3m³/s）起涨，17日0时超过警戒水位，17日8时出现年最高洪峰水位38.89m，超警戒水位1.09m，相应洪峰流量为1230m³/s，17日23时降至警戒水位以下，超警戒水位历时约23h。

8月底，潢河潢川站出现2008年第2次超警戒水位洪水过程。8月27日16时，潢川站水位自33.89m起涨（相应流量为32m³/s），30日21时超过警戒水位，31日3时出现洪峰水位38.40m，超警戒水位0.60m，相应洪峰流量为1050m³/s，31日9时水位退至警戒水位以下。超警戒水位历时约12h。

2008年潢河潢川站4—9月水位流量过程线见图3-11。

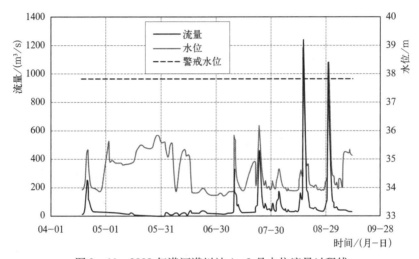

图3-11　2008年潢河潢川站4—9月水位流量过程线

3. 白露河

白露河北庙集站在汛前4月21日4时出现洪峰水位28.89m，相应洪峰流量为303m³/s。

7月，白露河北庙集站的洪水过程呈多峰型。7月2日8时，北庙集水位自25.39m起涨，7月10日16时水位达到27.42m后开始回落。22日2时水位自25.96m再次快速起涨，7月24日4时出现本次洪峰水位29.03m，相应洪峰流量为311m³/s。

8月中下旬，北庙集站出现2008年最大的洪水过程，也是仅有的1次超警戒水位过程。8月16日13时，北庙集站水位自27.59m起涨（相应流量为142m³/s），8月17日20时超过警戒水位，23时出现2008年最高水位31.07m，超警戒水位0.07m，相应洪峰流量为888m³/s，8月18日4时低于警戒水位0.06m，超警戒水位历时约5h。

8月底，白露河北庙集站出现1次洪水过程。8月28日16时，水位自25.56m起涨（相应流量为10m³/s），8月31日10时洪峰水位30.22m，相应洪峰流量为573m³/s。

2008年白露河北庙集站4—9月水位流量过程线见图3-12。

4. 史灌河

2008年史灌河蒋家集站洪水整体不大，仅出现2次流量超过500m³/s的洪水，未出现超警戒水位洪水过程。

史灌河蒋家集站在汛前 4 月 22 日 16 时出现洪峰水位 27.4m，相应洪峰流量为 126m³/s。

6—7 月，史灌河蒋家集站有多次小的洪水过程，洪峰不明显，最大洪峰流量不超过 250m³/s。

8 月中旬，蒋家集站出现 2008 年最大的洪水过程。8 月 13 日 20 时水位自 26.47m（相应流量为 31.2m³/s）快速上涨，8 月 18 日 6 时洪峰水位 30.28m，为 2008 年最高水位，相应洪峰流量为 937m³/s。

8 月底，史灌河蒋家集站出现 1 次小的洪水过程。8 月 27 日 20 时水位自 26.92m 起涨（相应流量为 79.5m³/s），8 月 31 日 19 时洪峰水位 29.45m，相应洪峰流量为 615m³/s。

2008 年史灌河蒋家集站 4—9 月水位流量过程线见图 3 - 13。

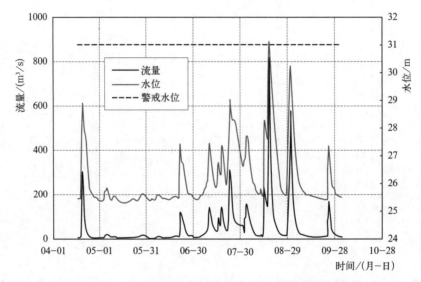

图 3 - 12　2008 年白露河北庙集站 4—9 月水位流量过程线

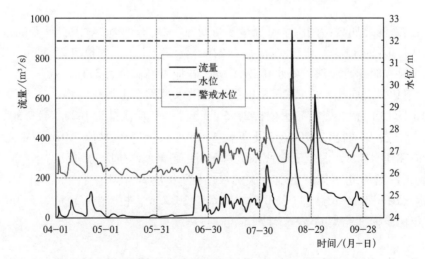

图 3 - 13　2008 年史灌河蒋家集站 4—9 月水位流量过程线

5. 漇河

6月有2次小的洪水过程。

第1次洪水：6月22日2时水位自52.57m起涨，6月23日4时达到洪峰水位53.36m，超警戒水位0.61m，相应洪峰流量为483m³/s。

第2次洪水：6月30日14时水位自52.75m起涨，7月4日8时出现洪峰水位53.06m，超警戒水位0.31m，相应洪峰流量为181m³/s。

8月中旬，漇河横排头站出现2008年最大的洪水过程。8月14日20时，水位自52.97m（相应流量为112m³/s）起涨，8月17日8时出现洪峰水位53.82m，超警戒水位1.07m（警戒水位52.75m），相应洪峰流量为1130m³/s。

8月底，漇河横排头站出现1次涨洪过程。8月29日2时，横排头站水位自52.93m起涨，8月31日2时达到洪峰水位53.62m，相应洪峰流量为832m³/s。

2008年漇河横排头站4—9月水位流量过程线见图3-14。

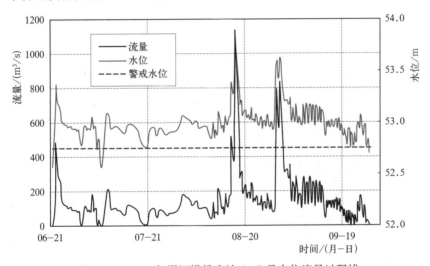

图3-14 2008年漇河横排头站4—9月水位流量过程线

（三）淮北诸支流

汛前，洪汝河班台站和沙颍河阜阳站出现明显涨洪过程。汛期5—6月，淮北各支流无明显洪水过程，7月淮北各支流出现2008年最大的1次洪水过程，但均未超警戒水位。其中洪汝河班台站在7月下旬出现2008年最高水位33.49m，距警戒水位仅0.01m。

8—9月，淮北支流整体洪水过程较小，涨洪过程不明显。

1. 洪汝河

2008年，洪汝河班台站有4次明显涨洪过程，最大1次出现在7月下旬，最高水位33.49m，距警戒水位仅0.01m。

4月，洪汝河班台站有多次洪水过程，最大的1次始于4月18日20时，水位自22.96m快速起涨（相应流量为13m³/s），4月20日18时出现洪峰水位32.35m，相应洪峰流量为1200m³/s。

受7月21—24日降水影响，洪汝河班台站有1次明显的洪水过程。7月22日8时，水位自 23.72m 起涨（相应流量为 47.1m³/s），7 月 24 日 21 时出现 2008 年的最高水位 33.49m，距警戒水位仅差 0.01m，相应洪峰流量为 1560m³/s。7 月 24 日 21 时，下游洪河分洪道开始分洪，地理城站 7 月 27 日 8 时出现 2008 年的最大流量 285m³/s。

8 月中下旬，洪汝河班台站出现 1 次复式洪水过程。8 月 14 日 8 时，班台站水位自 24.57m（相应流量为 91m³/s）快速起涨，8 月 17 日 22 时达到第 1 次洪峰水位 30.36m，此后水位稍有回落再次上涨，22 日 10 时达到第 2 次洪峰水位 30.49m，相应洪峰流量为 640m³/s。

洪汝河班台站 9 月 1 日 6 时 30 分出现洪峰水位 28.18m，相应洪峰流量为 209m³/s。

2008 年洪汝河班台站 4—9 月水位流量过程线见图 3-15。

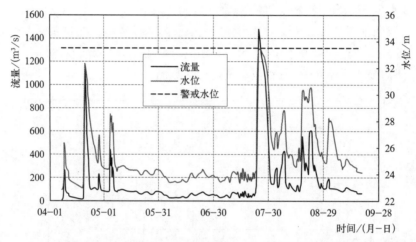

图 3-15　2008 年洪汝河班台站 4—9 月水位流量过程线

2. 沙颍河

2008 年沙颍河阜阳闸站的流量过程共有 4 次，最高水位均在警戒水位以下，其中 7 月下旬的洪水过程最大。沙河漯河站以及颍河周口站的洪水过程普遍较小，洪峰流量大多不超过 500m³/s，最高水位均在警戒水位以下。

受降水影响，沙颍河阜阳闸站于 4 月 19 日 18 时 42 分起第 1 次开闸泄洪，21 日 11 时 24 分最大下泄流量为 466m³/s，24 日后下泄流量控制在 200m³/s 以下；在此洪水过程中，阜阳闸下 21 日 20 时 54 分出现最高水位 25.94m，阜阳闸上 21 日 9 时 36 分出现最高水位 29.53m。

阜阳闸站于 7 月 21 日 20 时 54 分起第 2 次开闸泄洪，24 日 10 时 48 分出现年最大下泄流量 1440m³/s，27 日后下泄流量控制在 1000m³/s 以下，8 月 1 日以后下泄流量不到 300m³/s；在此洪水过程中，阜阳闸上 24 日 10 时 18 分出现最高水位 28.96m，闸下 24 日 14 时 36 分出现最高水位 27.86m。

阜阳闸站于 8 月 13 日 20 时起第 3 次开闸泄洪，17 日 16 时 18 分出现第一个泄流洪峰（相应流量为 494m³/s），8 月 22 日 11 时出现最大下泄流量 642m³/s，28 日后下泄流量控制在 200m³/s 以下；在此洪水过程中，阜阳闸上 8 月 22 日 10 时 18 分出现最高水位 29.27m，阜阳闸下 23 日 7 时 48 分出现最高水位 26.40m。

2008 年沙颍河阜阳闸（上）4—9 月水位流量过程线见图 3-16。

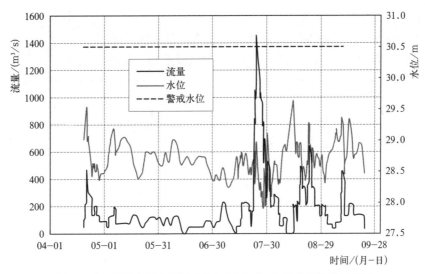

图 3-16 2008 年沙颍河阜阳闸（上）4—9 月水位流量过程线

3. 涡河

涡河蒙城闸于 7 月下旬和 8 月下旬各出现 1 次洪水过程，最高水位均在警戒水位以下，其中 7 月下旬洪水过程最大。

第 1 次洪水：7 月 24 日 17 时蒙城闸出现年最大下泄流量 $1220m^3/s$，25 日后下泄流量控制在 $1000m^3/s$ 以下，29 日后下泄流量不到 $200m^3/s$；在此洪水过程中，蒙城闸上 24 日 17 时出现最高水位 25.24m，蒙城闸下 24 日 18 时出现最高水位 24.44m。

第 2 次洪水：8 月 21 日 4 时 12 分出现最大下泄流量为 $890m^3/s$，23 日后下泄流量控制在 $200m^3/s$ 以下；在此洪水过程中，蒙城闸上 26 日 6 时出现最高水位 25.40m，蒙城闸下 21 日 19 时 12 分出现最高水位 23.02m。

2008 年涡河蒙城闸（上）4—9 月水位流量过程线见图 3-17。

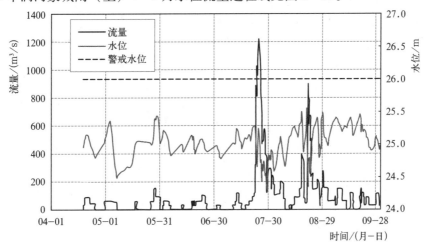

图 3-17 2008 年涡河蒙城闸（上）4—9 月水位流量过程线

4. 濉河、老濉河

7 月下旬和 8 月中旬，濉河泗洪站分别出现 1 次流量超过 $500m^3/s$ 的洪水过程；7 月

— 65 —

25 日 5 时 14 分出现年最高水位 16.33m，相应最大流量为 697m³/s。

老濉河 2008 年未出现明显洪水过程，年最大流量 115m³/s。

2008 年濉河泗洪站、老濉河泗洪站 4—9 月流量过程线见图 3-18。

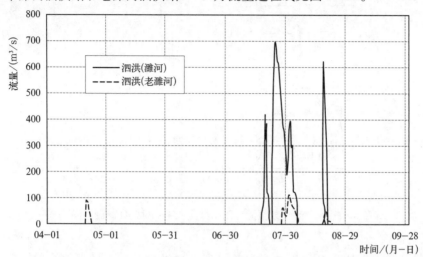

图 3-18　2008 年濉河泗洪站、老濉河泗洪站 4—9 月流量过程线

（四）入江水道和里下河地区

1. 入江水道

7 月 13 日—9 月 6 日，受三河闸开闸泄洪影响，期间入江水道金湖站出现多次洪峰，金湖站 7 月 11 日 8 时起涨水位为 7.70m，17 日 8 时出现洪峰水位 9.04m 后开始回落，7 月 23 日 8 时水位自 8.18m 再次起涨，7 月 24 日 20 时达到警戒水位，8 月 2 日 8 时出现 2008 年最高水位 11.08m，超警戒水位 0.58m，8 月 8 日 15 时落至警戒水位以下，超警戒水位历时约 15d。8 月 14 日 8 时，金湖站水位自 8.59m 再次上涨，8 月 22 日 20 时达到洪峰水位 10.16m，8 月 28 日水位降到 10.0m 以下。

2008 年入江水道金湖站日平均水位过程线见图 3-19。

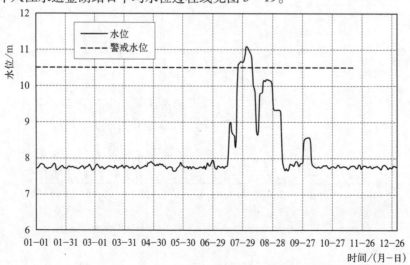

图 3-19　2008 年入江水道金湖站日平均水位过程线

2. 里下河地区

里下河地区6—8月共有2~3次明显的洪水过程，多站出现超警戒水位洪水过程。

（1）南官河兴化站。南官河兴化站6—8月共有2次明显涨水过程，其中7月底至8月初出现1次超警戒水位洪水过程。

第1次：6月13日水位自1.11m起涨，6月24日达到洪峰水位1.93m；

第2次：7月18日，水位自1.38m起涨，8月2日超过警戒水位，3日出现年最高水位2.10m，超警戒水位0.10m，4日水位降至警戒水位以下，超警戒水位历时约2d。

（2）西塘河建湖站。6—8月，西塘河建湖站共有3次洪水过程，其中有2次超过警戒水位。

第1次超警戒水位洪水过程：6月17日水位自0.77m起涨，24日超过警戒水位，且出现年最高水位1.76m，超警戒水位0.16m，25日降至警戒水位以下。

第2次超警戒水位洪水过程：7月22日水位自0.99m起涨，8月2日达到警戒水位，3日出现洪峰水位1.73m，超警戒水位0.13m，5日水位退至警戒水位以下，超警戒水位历时约3d。

2008年南官河兴化站、西塘河建湖站日平均水位过程线见图3-20。

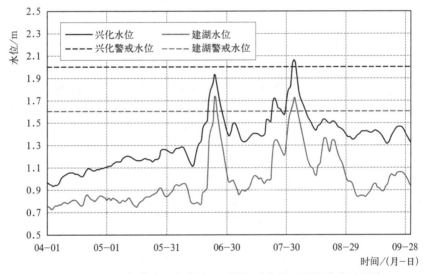

图3-20 2008年南官河兴化站、西塘河建湖站日平均水位过程线

（3）射阳河阜宁站。阜宁站6—8月共有3次超警戒水位洪水过程，最高超警戒水位（1.3m）0.13m。

第1次洪水：6月20日水位自0.75m起涨，6月24日超警戒水位并出现年最高水位1.43m，超警戒水位0.13m，6月27日降至警戒水位以下。超警戒水位历时3d。

第2次洪水：7月22日水位自0.89m起涨，31日超过警戒水位，8月3日达到最高水位1.42m，超警戒水位0.12m，6日水位退至警戒水位以下，超警戒水位历时6d。

第3次洪水：8月14日水位自0.92m起涨，8月18日出现洪峰水位1.32m，19日降至警戒水位以下。

（4）串场河盐城站。盐城站6—8月共有3次明显涨水过程，最大的1次洪峰水位出现在6月24日为1.69m，低于警戒水位仅0.01m。2008年射阳河阜宁站、串场河盐城站日平均水位过程线见图 3 –21。

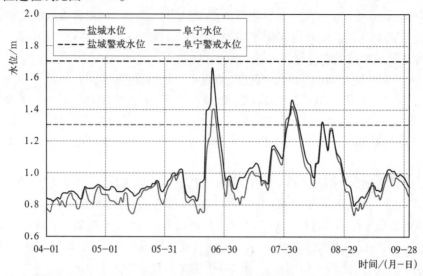

图 3 – 21 2008 年射阳河阜宁站、串场河盐城站日平均水位过程线

二、沂沭泗河水系

沂沭泗河水系于 7 月下旬和 8 月下旬各有 1 次大的洪水过程，沂河和沭河出现明显的涨洪过程，下级湖韩庄闸和骆马湖嶂山闸多次开闸泄洪。受南四湖泄流影响，运河站 7 月下旬出现 1 次超警戒水位 0.12m 的洪水过程；受上游老沭河来水和嶂山闸泄洪的共同影响，新沂河沭阳站于 7 月下旬和 8 月下旬分别出现 1 次超警戒水位 1.50m 和 0.67m 的洪水过程。

（一）沂沭河

1. 沂河

沂河临沂站 7 月下旬和 8 月下旬各出现 1 次明显涨水过程，最高水位均在警戒水位（64.05m）以下，其中以 7 月下旬洪水过程为最大，最大流量达到 2000m³/s 以上。

第 1 次洪水：7 月 23 日 6 时 42 分，水位自 58.40m 起涨（相应流量为 250m³/s），7 月 24 日 12 时出现年最高水位 60.35m，相应洪峰流量为 2540m³/s；

第 2 次洪水：8 月 21 日 9 时，水位自 57.73m 起涨，8 月 22 日 9 时 24 分出现洪峰水位 59.62m，相应洪峰流量为 1320m³/s。

2008 年沂河临沂站水位流量过程线见图 3 –22。

2. 沭河

沭河大官庄站的来水由沭河干流来水和分沂入沭来水（分沂入沭控制闸彭道口分洪闸未开闸）组成，大官庄站流量为新沭河大官庄闸和老沭河人民胜利堰闸流量之和。

2008 年，沭河出现多次洪水过程，大官庄站洪峰流量超过 300m³/s 的洪水出现了 5 次以上。主要的洪水过程可分为以下 2 次。

7 月 23 日—8 月 10 日，沭河大官庄站出现 2 次明显涨洪过程，8 月 1 日 6 时洪峰流量为 903m³/s。

8 月 17 日—9 月 3 日，沭河大官庄出现 4 次洪峰，8 月 22 日 10 时出现年最大流量为

$1480\text{m}^3/\text{s}$，与此同时新沭河大官庄闸、老沭河人民胜利堰闸分别出现年最大流量为 $1040\text{m}^3/\text{s}$、$437\text{m}^3/\text{s}$。

2008年沭河大官庄站流量过程线见图3-23。

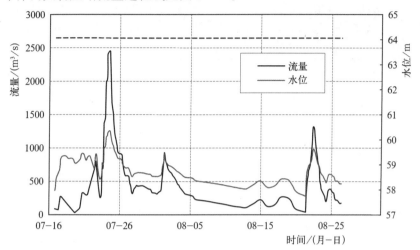

图3-22　2008年沂河临沂站水位流量过程线

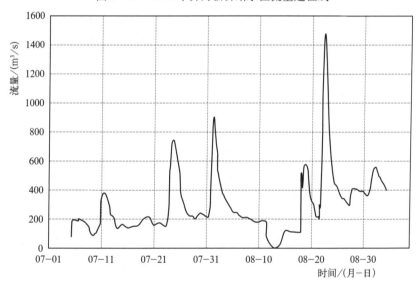

图3-23　2008年沭河大官庄站流量过程线

（二）南四湖

南四湖以二级坝为界分为上级湖和下级湖。上级湖水位代表站为南阳站，下级湖水位代表站为微山站。上级湖的出口是二级坝枢纽，建有4座大型水闸（分别为一闸、二闸、三闸和四闸，其中四闸在现有的湖西大堤外，不能参与泄洪）。下级湖的出湖口有韩庄枢纽（包括韩庄闸、伊家河闸和老运河）和蔺家坝闸。

1. 上级湖

南阳站汛前水位基本保持在正常蓄水位以上。汛期，6月13—26日水位自正常蓄水位附近快速下降至汛限水位以下，下降幅度约0.4m，此后水位出现多次波动，至汛末，水位达到汛限水位附近。汛后水位波动不大，保持在汛限水位～正常蓄水位之间，水势较平稳。

汛期超汛限水位历时约70d，6月6日出现汛期最高水位34.50m，超汛限水位0.30m。汛期二级湖一闸、二闸关闭，三闸多次开启，最大下泄流量为1010m³/s（7月18日12时18分），总出湖水量约13.95亿m³。

2008年上级湖南阳站水位过程线见图3－24。

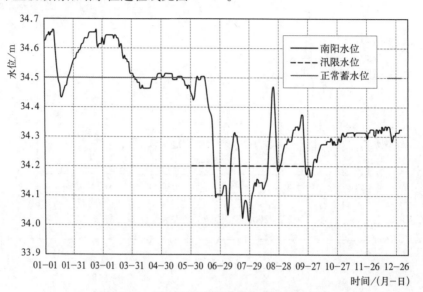

图3－24　2008年上级湖南阳站水位过程线

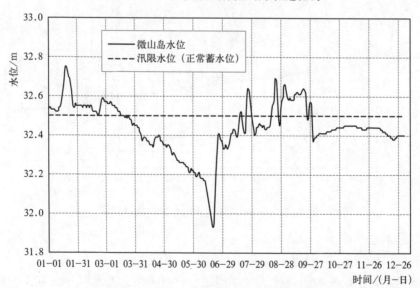

图3－25　2008年下级湖微山岛站水位过程线

2. 下级湖

下级湖微山岛站全年水位位于死水位（31.50m）以上。年初，水位位于正常蓄水位以上，3月初水位开始持续下降，至6月19日降至年最低水位31.93m，低于汛限水位0.04m。之后水位快速上涨，8月22日出现汛期最高水位32.69m，超汛限水位0.19m。汛

— 70 —

后，水位位于正常蓄水位以下0.1m左右，波动不大。

汛期韩庄闸多次开闸，向韩庄运河分泄下级湖洪水。其中最大下泄量超过1000m³/s的共有2次，第1次：7月17日19时12分开闸，8月1日17时12分关闸，7月23日11时出现最大下泄量1170m³/s；第2次：8月21日11时12分开闸，8月27日关闸，8月23日11时30分出现最大下泄流量1090m³/s。汛期总出湖水量约17.95亿m³。

2008年下级湖微山岛站水位过程线见图3-25。

（三）韩庄运河、中运河

受下级湖韩庄闸泄洪影响，运河镇站分别于7月下旬、8月下旬和9月底共出现3次明显涨落过程，其中7月下旬洪水为最大，超过警戒水位。7月25日3时30分出现年最高水位25.62m，超警戒水位0.12m，相应洪峰流量2410m³/s，列1951年以来第5位。中运河运河镇站水位流量过程线见图3-26。

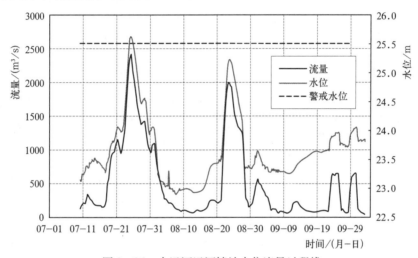

图3-26　中运河运河镇站水位流量过程线

（四）骆马湖

汛前，杨河滩站水位一直位于正常蓄水位（23.00m）以下，汛初，水位位于汛限水位（22.5m）附近，6月20日8时降至年最低水位21.85m，汛末水位超过正常蓄水位，10月5日19时出现本年最高水位23.39m，汛期超汛限水位历时约64d。

汛期，嶂山闸多次开闸，向新沂河分泄骆马湖洪水，最大泄流量超过1000m³/s的泄流过程共有3次。第1次：7月15日14时开闸，8月7日18时12分关闸，7月25日18时54分出现最大下泄流量4930m³/s，仅次于1974年的5760m³/s，列1961年建闸以来第2位；第2次：8月21日11时开闸，8月27日12时30分关闸，8月22日10时36分出现最大下泄流量3620m³/s；第3次：8月31日12时开闸，9月4日16时12分关闸，8月31日13时出现最大下泄流量1060m³/s，汛期总出湖水量约63.5亿m³。2008年骆马湖杨河滩站水位过程线见图3-27。

（五）新沂河

受骆马湖嶂山闸泄洪影响，新沂河沭阳站于7月下旬和8月下旬各出现1次超警戒水位的洪水过程。

第 1 次洪水：7 月 15 日 14 时 8 分水位自 5.14m 开始上涨，23 日 11 时超警戒水位，26 日 17 时 30 分时出现年最高水位 10.50m，超警戒水位 1.50m，相应洪峰流量为 4760m³/s，均列 1950 年以来第 5 位；29 日 20 时低于警戒水位后不久水位再次起涨，31 日 4 时再次超过警戒水位，8 月 1 日 16 时出现第 2 次洪峰水位 9.39m，超警戒水位 0.39m，8 月 2 日 22 时水位回落至警戒水位以下。

第 2 次洪水：8 月 21 日 18 时 30 分水位自 4.79m 起涨，22 日 19 时超过警戒水位，23 日 11 时出现洪峰水位 9.67m，超警戒水位 0.67m，相应洪峰流量为 3690m³/s。27 日 18 时回落至警戒水位以下。

新沂河沭阳站水位流量过程线见图 3-28。

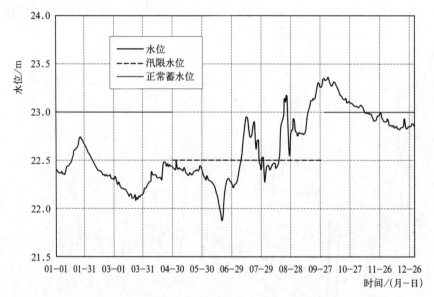

图 3-27　2008 年骆马湖杨河滩站水位过程线

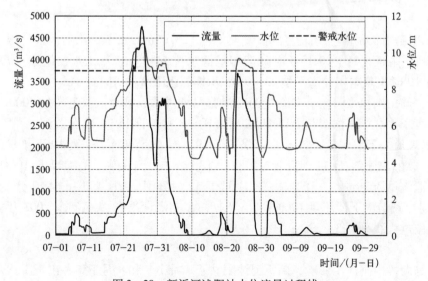

图 3-28　新沂河沭阳站水位流量过程线

第二节 洪 水 组 成

一、淮河水系

本节分析计算了淮河干流主要控制站王家坝（总）站、润河集站、鲁台子站、蚌埠（吴家渡）站及洪泽湖实测场次洪水、最大30d洪量、最大60d洪量的来水量组成。

分析计算最大30d洪量、最大60d洪量组成时，先采用马斯京根法将上游干支流组成站来水演算至下游控制站，再由其确定与控制站最大洪量相应时段的上游干支流洪量；分析场次洪水时，未考虑上游干支流来水的传播时间，上游干支流组成站洪水的起止时间由控制站过程确定。

（一）王家坝站

王家坝（总）站洪水由上游干流淮河息县站、支流潢河潢川站、支流洪汝河班台站以及区间来水组成。王家坝（总）站本身包括淮河干流王家坝站、官沙湖分洪道钐岗站、洪河分洪道地理城站和濛洼蓄洪区王家坝闸站（2008年王家坝闸未开闸放水）。选取的洪水场次为4月19日—5月3日，7月22日—8月13日，8月14—29日，8月30日—9月9日。

经分析计算，王家坝（总）站最大30d洪量、最大60d洪量分别为43.9亿 m^3、63.6亿 m^3。在王家坝（总）站洪水来水组成中，淮河息县站来水占35%~45%，洪汝河班台站来水占10%~35%，区间来水占22%~36%，潢河潢川站来水所占比重较小，仅在8月和9月的洪水中占到了10%以上。

王家坝（总）站及上游干支流控制站日平均流量过程线见图3-29，场次洪水及典型时段洪量组成见表3-1。

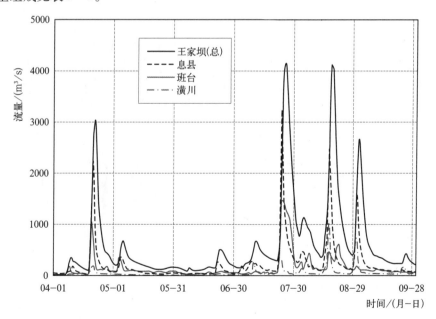

图3-29　淮河王家坝（总）站及上游干支流控制站日平均流量过程线图

表 3-1　　　　　2008 年淮河王家坝(总)站场次洪水及典型时段洪量组成表

时　段	洪水起止时间 /(月-日)	王家坝 (总)站 洪量/亿 m³	上　游　及　区　间　来　水							
			淮河息县站		潢河潢川站		洪汝河班台站		区　间	
			洪　量 /亿 m³	占总量 /%	洪　量 /亿 m³	占总量 /%	洪　量 /亿 m³	占总量 /%	洪　量 /亿 m³	占总量 /%
场次洪水	4-19—5-3	11.8	5.2	44.1	0.7	5.9	2.9	24.6	3	25.4
	7-22—8-13	27.9	10.2	36.6	1.7	6.1	9.6	34.4	6.4	22.9
	8-14—29	20.9	7.4	35.4	2.1	10	3.8	18.2	7.6	36.4
	8-30—9-9	11	4.2	38.2	1.7	15.5	1.1	10	4	36.3
最大 30d 洪量	7-24—8-22	43.9	16.4	37.4	3.4	7.7	11.5	26.2	12.6	28.7
最大 60d 洪量	7-10—9-7	63.6	23.2	36.5	6	9.4	14.8	23.3	19.6	30.8

（二）润河集站

润河集站洪水由上游干支流站淮河王家坝（总）站、史灌河蒋家集站及区间来水组成。选取的洪水场次为 4 月 19 日—5 月 3 日，7 月 22 日—8 月 13 日，8 月 14—29 日，8 月 30 日—9 月 12 日。

经分析计算，润河集站最大 30d 洪量、最大 60d 洪量分别为 48.0 亿 m³ 和 75.5 亿 m³。从润河集站洪水组成来看，上游干流王家坝站来水占 76%～90%，史灌河蒋家集站来水占比基本在 15% 以上，区间来水均不超过 10%。润河集站及上游干支流控制站日平均流量过程线见图 3-30，场次洪水及典型时段洪量组成见表 3-2。

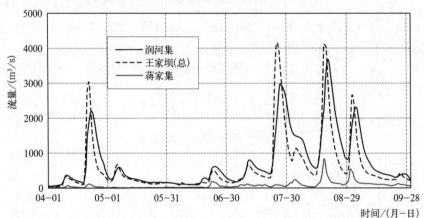

图 3-30　2008 年淮河润河集站及上游干支流控制站日平均流量过程线图

表 3-2　　　　　2008 年淮河润河集站场次洪水及典型时段洪量组成表

时　段	洪水起止时间 /(月-日)	润河集 洪量 /亿 m³	上　游　及　区　间　来　水					
			淮河王家坝站		史灌河蒋家集站		区　间	
			洪　量 /亿 m³	占总量 /%	洪　量 /亿 m³	占总量 /%	洪　量 /亿 m³	占总量 /%
场次洪水	4-19—5-3	13.2	11.8	89.4	0.5	3.8	0.9	6.8
	7-22—8-13	30.6	27.9	91.2	1.7	5.6	1	3.2
	8-14—29	25.9	20.9	80.7	3	11.6	2	7.7
	8-30—9-12	15.6	11.9	76.3	2.4	15.4	1.3	8.3
最大 30d 洪量	7-26—8-24	48	43	89.6	4.1	8.5	0.9	1.9
最大 60d 洪量	7-12—9-9	75.5	63.5	84.1	7.6	10.1	4.4	5.8

（三）鲁台子站

鲁台子站洪水由上游干支流站淮河润河集站来水、沙颖河阜阳站来水、洹河横排头站来水及区间来水组成。鲁台子站选取的场次洪水起止时间为4月19日—5月3日、7月22日—9月20日。

经分析计算，鲁台子站最大30d洪量、最大60d洪量分别为64.2亿 m³和109.4亿 m³。从鲁台子站洪水组成来看，上游干流润河集站来水约占70%、沙颖河阜阳站来水、洹河横排头站来水及区间来水占比均不超过15%。鲁台子站及上游干支流控制站日平均流量过程线见图3－31，场次洪水及典型时段洪量组成见表3－3。

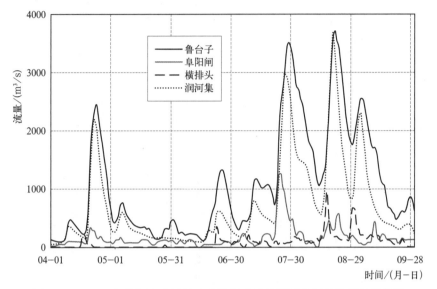

图3－31　2008年淮河鲁台子站及上游干支流控制站日平均流量过程线图

表3－3　　　　　　　　2008年淮河鲁台子站场次洪水及典型时段洪量组成表

时 段	洪水起止时间 /（月－日）	鲁台子洪量 /亿 m³	上 游 及 区 间 来 水							
			淮河润河集站		沙颖河阜阳站		洹河横排头站		区 间	
			洪量 /亿 m³	占总量 /%	洪量 /亿 m³	占总量 /%	洪量 /亿 m³	占总量 /%	洪量 /亿 m³	占总量 /%
场次洪水	4－19—5－3	17.6	13.2	75	1.9	10.8	0.5	2.7	2	11.5
	7－22—9－20	108.8	74.9	68.8	14.9	13.7	9.4	8.7	9.6	8.8
最大30d洪量	7－27—8－25	64.2	48	74.8	4.7	7.3	8.3	12.9	3.2	5
最大60d洪量	7－18—9－15	109.4	75	68.6	9.4	8.6	15	13.7	10	9.1

（四）蚌埠（吴家渡）站

蚌埠（吴家渡）站及上游干支流站为淮河干流鲁台子站、涡河蒙城站和茨淮新河上桥闸站。选取的场次洪水起止时间为4月19日—9月20日。

经分析计算，蚌埠（吴家渡）站最大30d洪量、最大60d洪量分别为86.6亿 m³和145.7亿 m³。从蚌埠（吴家渡）站洪水组成来看，上游鲁台子站来水约占蚌埠（吴家渡）站水量的70%以上，涡河蒙城站和茨淮新河上桥闸站来水占比均不超过10%，区间来水占12%～20%。蚌埠（吴家渡）站及上游干支流控制站日平均流量过程线见图3－32，场次洪水及典型时段洪量组成见表3－4。

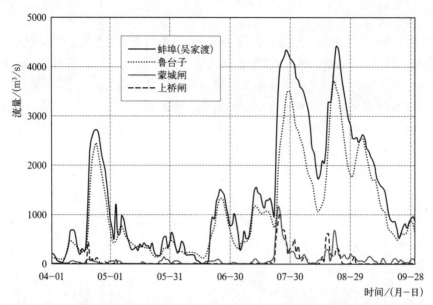

图 3－32　2008 年淮河蚌埠（吴家渡）站及上游干支流控制站日平均流量过程线图

表 3－4　　　　2008 年淮河蚌埠（吴家渡）站场次洪水及典型时段洪量组成表

时　段	洪水起止时间/（月－日）	蚌埠洪量/亿 m³	上　游　及　区　间　来　水							
			淮河鲁台子站		涡河蒙城站		茨淮新河上桥闸站		区　　间	
			洪量/亿 m³	占总量/%	洪量/亿 m³	占总量/%	洪量/亿 m³	占总量/%	洪量/亿 m³	占总量/%
场次洪水	4－19—5－3	22.9	17.9	78.2	0.3	1.3	0.1	0.4	4.6	20.1
	7－22—9－20	144.8	108.3	74.8	9.3	6.4	5.4	3.7	21.8	15.1
最大 30d 洪量	7－27—8－25	86.6	62	71.6	7.1	8.2	5.5	6.3	12	13.9
最大 60d 洪量	7－18—9－15	145.7	109.3	75	10.1	6.9	8.3	5.7	18	12.4

（五）洪泽湖

本次将淮河蚌埠（吴家渡）、池河明光、怀洪新河双沟（含下草湾）、新汴河宿县闸、濉河泗洪（姚圩）、老濉河泗洪（姚圩）和徐洪河金锁镇 7 个站作为洪泽湖上游来水站。选取场次洪水起止时间为 7 月 22 日—9 月 18 日。

从场次洪水、最大 30d 洪量和最大 60d 洪量的洪量组成可知（表 3－5 及图 3－33），淮河蚌埠站来水占入湖总水量 75%～80%，区间来水占 6.3%～14.2%，其他诸河均不到 5%。

表 3－5　　　　2008 年淮河洪泽湖场次洪水及典型时段洪量组成表

时　段	洪水起止时间/（月－日）	洪泽湖洪量/亿 m³	上　游　及　区　间　来　水							
			淮河蚌埠（吴家渡）站		池河明光站		怀洪新河双沟站		新汴河宿县站	
			洪量/亿 m³	占总量/%	洪量/亿 m³	占总量/%	洪量/亿 m³	占总量/%	洪量/亿 m³	占总量/%
场次洪水	7－22—9－18	193	144	74.6	3.3	1.7	0.5	0.3	4.9	2.5
最大 30d 洪量	7－25—8－23	112.7	86.5	76.7	3	2.7	0.5	0.4	3.1	2.8
最大 60d 洪量	7－19—9－16	179.3	145.7	81.3	3.4	1.9	0.5	0.3	4.9	2.7

时 段	洪水起止时间 /(月-日)	上 游 及 区 间 来 水							
		濉河泗洪站		老濉河泗洪站		徐洪河金锁镇站		区 间	
		洪量 /亿 m³	占总量 /%	洪量 /亿 m³	占总量 /%	洪量 /亿 m³	占总量 /%	洪量 /亿 m³	占总量 /%
场次洪水	7-22—9-18	5.8	3	0.5	0.3	6.6	3.4	27.4	14.2
最大30d洪量	7-25—8-23	4.7	4.2	0.5	0.4	4.6	4.1	9.8	8.7
最大60d洪量	7-19—9-16	6.3	3.5	0.5	0.3	6.7	3.7	11.3	6.3

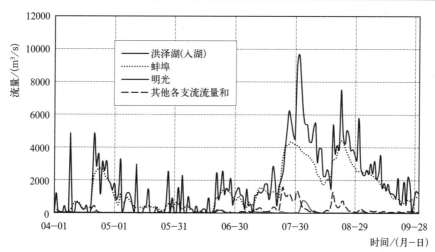

图 3-33 2008 年洪泽湖(入湖)及上游干支流控制站日平均流量过程

二、沂沭泗河水系

(一)沂沭河

(1)沂河临沂站。沂河临沂站上游控制站有沂河葛沟站、蒙河高里站和祊河角沂站。经分析计算,2008 年 2 场洪水中沂河葛沟站来水占临沂站来水量的 50% 以上,祊河角沂站来水和区间来水各占约 20%(图 3-34 和表 3-6)。

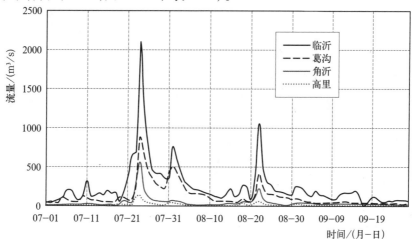

图 3-34 2008 年沂河各控制站日平均流量过程线图

表 3 - 6 　　　　　　　　　　　2008 年沂河临沂站场次洪水洪量组成表

洪水起止时间 /(月 - 日)	临沂站 洪水总量 /亿 m³	上 游 及 区 间 来 水							
		沂河葛沟站		蒙河高里站		祊河角沂站		区 间	
		洪 量 /亿 m³	占总量 /%	洪 量 /亿 m³	占总量 /%	洪 量 /亿 m³	占总量 /%	洪 量 /亿 m³	占总量 /%
7 - 19—8 - 13	9.9	5.7	57.6	0.6	6.0	1.7	17.2	1.9	19.2
8 - 20—30	2.9	1.5	51.7	0.2	6.9	0.6	20.7	0.6	20.7

　　(2)沭河大官庄站。沭河大官庄站洪水流量为新沭河大官庄闸和沭河人民胜利堰闸的合成流量。上游来水控制站除有沭河莒县站外,还有分沂入沭彭道口闸站(2008 年汛期6—9月彭道口闸未开闸分洪)。

　　经分析计算,2008 年大官庄站的洪水基本上为莒县站以下区间来水,占80%以上(图3 - 35和表3 - 7)。

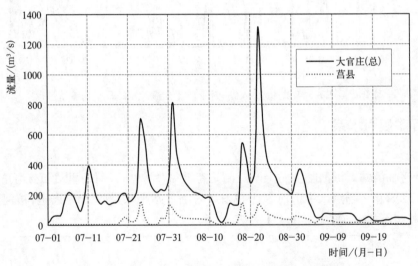

图 3 - 35　2008 年沭河各控制站日平均流量过程线图

表 3 - 7 　　　　　　　　　　　2008 年沭河大官庄站场次洪水洪量组成表

洪水起止时间 /(月 - 日)	大官庄站洪量/亿 m³			沭河莒县站来水		区 间 来 水	
	新沭河 大官庄闸洪量	沭河人民 胜利堰闸洪量	合 计	洪 量 /亿 m³	占总量 /%	洪 量 /亿 m³	占总量 /%
7 - 21—28	2.27	0	2.27	0.35	15.4	1.92	84.6
7 - 30—8 - 10	3.22	0	3.22	0.62	19.3	2.6	80.7
8 - 13—9 - 5	5.16	1.33	6.49	1.02	15.7	5.47	84.3

（3）新沭河石梁河水库。石梁河水库的洪水由新沭河大官庄闸泄洪和大官庄至石梁河水库的区间来水两部分组成。

经分析，7月9—17日和7月18—27日两场洪水中，新沭河大官庄闸来水均占到70%以上，8月17日—9月5日，石梁河水库来水主要以区间来水为主（表3-8）。

表3-8　　　　　　　　2008年石梁河水库场次洪水洪量组成表

洪水起止时间/（月-日）	入库洪量/亿 m³	新沭河大官庄闸来水		区间来水	
		洪量/亿 m³	占总量/%	洪量/亿 m³	占总量/%
7-9—17	1.9	1.4	73.7	0.5	26.3
7-18—27	3.7	2.6	70.3	1.1	29.7
8-17—9-5	16.5	5.2	31.5	11.3	68.5

（二）南四湖

根据南四湖蓄变量和出湖水量反推入湖过程，计算7月6—13日、7月15日—8月3日、8月13日—9月4日南四湖上、下级湖入湖水量。由于反推的下级湖入湖过程中包括有上级湖通过二级坝诸闸下泄的水量，因此在推算南四湖下级湖实际来水量时需将其扣除。

经分析计算，7月6—13日，南四湖总入湖水量为2.32亿 m³，其中上级湖入湖水量占78.4%，下级湖入湖水量占21.6%；7月15日—8月3日，南四湖总入湖水量为9.38亿 m³，其中上级湖入湖水量占57.5%，下级湖入湖水量占42.5%；8月13日—9月4日，南四湖总入湖水量为6.53亿 m³，其中上级湖入湖水量占64.5%，下级湖入湖水量占35.5%。

2008年南四湖场次洪水洪量组成见表3-9。

表3-9　　　　　　　　2008年南四湖场次洪水洪量组成表

洪水起止时间/（月-日）	南四湖洪水总量/亿 m³	上 级 湖		下 级 湖			
		洪量/亿 m³	占总量/%	入湖洪量/亿 m³	上级湖来水/亿 m³	实际洪量/亿 m³	占总量/%
7-6—13	2.32	1.82	78.4	1.27	0.77	0.50	21.6
7-15—8-3	9.38	5.39	57.5	10.42	6.43	3.99	42.5
8-13—9-4	6.53	4.21	64.5	5.65	3.33	2.32	35.5

（三）中运河

中运河运河站洪水由南四湖出口控制站（包括韩庄枢纽和蔺家坝闸）来水和邳苍区间来水组成，其中2008年蔺家坝闸未开闸放水。

选取7月16日—8月9日、8月15日—9月7日的2次洪水，分析中运河的来水组成情况。经分析计算，2次洪水中邳苍区间来水均占50%以上（表3-10和图3-36）。

洪水起止时间 /（月－日）	运河站洪水总量 /亿 m³	韩庄枢纽站		蔺家坝闸站		邳苍区间	
		洪量/亿 m³	占总量/%	洪量/亿 m³	占总量/%	洪量/亿 m³	占总量/%
7－16—8－9	19	8.7	45.8	0	0	10.3	54.2
8－15—9－7	12.1	4.4	36.4	0	0	7.7	63.6

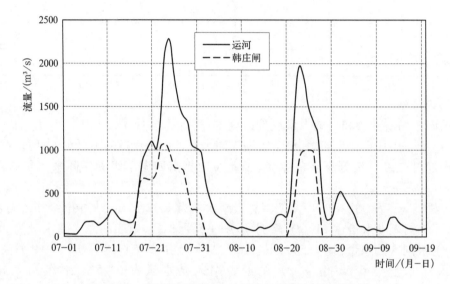

图 3－36   2008 年运河站各控制站日平均流量过程线图

（四）骆马湖和新沂河

（1）骆马湖。骆马湖入湖水量控制站为沂河堰上站、中运河运河站、房亭河刘集闸站。选取 7 月 17 日—8 月 10 日、8 月 13—30 日 2 次洪水进行来水组成分析。

经分析计算，受韩庄闸泄洪影响，中运河运河站来水占骆马湖来水量的 50% 以上，沂河堰上站来水约占 30% 左右。各控制站入湖日平均流量过程线见图 3－37，洪水洪量组成见表 3－11。

表 3－11   2008 年骆马湖的入湖场次洪水洪量组成表

洪水起止时间 /（月－日）	骆马湖洪水总量 /亿 m³	沂河堰上站		中运河运河站		房亭河刘集闸站		区 间	
		洪量 /亿 m³	占总量 /%	洪量 /亿 m³	占总量 /%	洪量 /亿 m³	占总量 /%	洪量 /亿 m³	占总量 /%
7－17—8－10	35.72	10.24	28.7	18.99	53.1	1.46	4.1	5.03	14.1
8－13—30	16.64	5.08	30.5	10.16	61.1	0.2	1.2	1.2	7.2

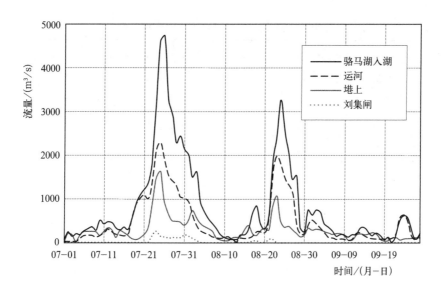

图 3-37 2008 年骆马湖入湖及各入湖控制站日平均流量过程线图

（2）新沂河沭阳站。新沂河沭阳站来水的控制站为新沂河嶂山闸站、老沭河新安站、新开河桐槐树站、淮沭河沭阳闸站（沭阳闸站为水位站，没有流量资料）。2008年汛期，新沂河沭阳站以上的来水，有少部分在沭阳站以上经沭新河沭新闸分流入海。

选取 7 月 14 日—8 月 9 日、8 月 20 日—9 月 5 日的 2 次洪水过程进行来水组成分析。经分析计算，受骆马湖嶂山闸泄洪影响，2008 年沭阳站来水基本以嶂山闸来水为主，嶂山闸来水占 90％以上。

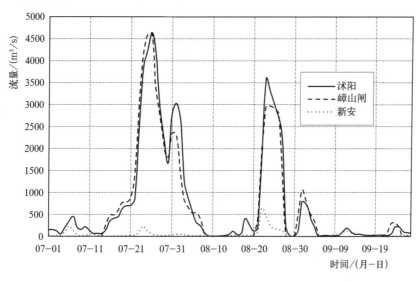

图 3-38 2008 年新沂河沭阳站各入湖控制站日平均流量过程线图

2008 年新沂河沭阳站各入湖控制站日平均流量过程线见图 3-38，场次洪水洪量组成见表 3-12。

表 3 – 12　　　　　　　　　　**2008 年新沂河沭阳站场次洪水洪量组成表**

洪水起止时间/(月-日)	沭阳洪水总量/亿 m³	新沂河嶂山闸站		沭河新安站		新开河桐槐树站		其 他		淮阴闸站洪量/亿 m³
		洪量/亿 m³	占总量/%	洪量/亿 m³	占总量/%	洪量/亿 m³	占总量/%	洪量/亿 m³	占总量/%	
7 – 14—8 – 9	37.38(0.83)	35.51	95.0	0.83	2.2	1.40	3.7	−0.36	−1.0	1.95
8 – 20—9 – 5	17.43(0.66)	15.86	91.0	1.77	10.2	0.71	4.1	−0.91	−5.2	1.82

注　表中括号内数值为沭新河沭新闸泄水量。

第三节　主要控制站及水库特征值

2008 年，淮河流域主要控制站及水库特征值见表 3 – 13 ～ 表 3 – 15。

表 3 – 13　　　　　　**2008 年淮河流域主要控制站最高水位及最大流量统计表**

河 名	站 名	警戒水位/m	保证任务		最高水位		最大流量		超警戒水位高度/m	超警戒水位历时/h
			水位/m	流量/(m³/s)	水位/m	时间/(月-日 时:分)	流量/(m³/s)	时间/(月-日 时:分)		
淮河	息县	41.50	43.00	6000	40.95	7 – 24　15：00	3740	7 – 24　13：00	—	—
淮河	淮滨	29.50	32.80	7000	30.22	8 – 18　22：00	3160	8 – 18　16：00	0.72	74
淮河	王家坝	27.50	29.30	7400	28.48	8 – 18　23：12	4310	8 – 18　20：00	0.98	208
淮河	润河集	25.30	27.70	9400	24.68	8 – 20　17：00	3720	8 – 20　15：49	—	—
淮河	正阳关	24.00	26.50	9400	22.43	8 – 21　20：06	3740	8 – 21　07：38	—	—
淮河	蚌埠	20.30	22.60	13000	18.30	8 – 23　00：00	4470	8 – 22　20：00	—	—
淮河	蒋坝	13.50	16.00	—	13.87	5 – 4　04：48			0.37	
洪汝河	班台(合并)	33.50	35.63	3000	33.49	7 – 24　21：00	1560	7 – 24　17：00		
沙颍河	阜阳(上)	30.50	32.52	3760	29.62	8 – 13　19：42	1440	7 – 24　10：48		
涡河	蒙城(上)	26.00	27.40	2400	25.54	8 – 20　13：18	1220	7 – 24　17：00		
竹竿河	竹竿铺	45.70	47.20	2200	46.88	8 – 31　00：00	1830	8 – 30　23：00	1.18	21
潢河	潢川	37.80	39.00	1500	38.89	8 – 17　08：00	1230	8 – 17　05：00	1.09	35
白露河	北庙集	31.00	32.50	1300	31.07	8 – 17　23：00	888	8 – 17　22：00	0.07	6
史灌河	蒋家集	32.00	33.24	3580	30.74	8 – 18　06：00	937	8 – 18　04：00		
淠河	横排头(坝上)	52.80	56.06	—	53.82	8 – 17　08：00	1130	8 – 17　08：00	1.02	全汛期
南官河	兴化	2.00	—	—	2.10	8 – 2			0.10	
串场河	盐城	1.70	—	—	1.69	6 – 24				
西塘河	建湖	1.60	—	—	1.76	6 – 24			0.16	
射阳河	阜宁	1.30	—	—	1.44	6 – 24			1.4	
射阳湖	射阳镇	2.00	—	—	2.36	8 – 1			0.36	
沂河	临沂	64.05	66.56	16000	60.35	7 – 24　12：00	2540	7 – 24　12：00	—	—
老沭河	人民胜利堰闸(上)	52.50	55.86	2500	51.90	7 – 5　20：00	437	8 – 22　10：00	—	—
新沭河	大官庄闸(上)	52.50	55.67	6000	52.00	7 – 11　11：00	1040	8 – 22　08：00	—	—

— 82 —

表 3-14

2008 年淮河水系水库特征值

河名	库名	汛限水位/m	2008 年特征值				历史特征值						库水位比较	
			最高库水位/m	出现时间/(月-日 时:分)	最大出库流量/(m³/s)	出现时间/(月-日 时:分)	最高库水位/m	出现时间/(年-月-日)	最大入库流量/(m³/s)	出现时间/(年-月-日)	最大出库流量/(m³/s)	出现时间/(年-月-日)	最大超汛限或正常蓄水位/m	天数
洪河	石漫滩	106.8/107	107.66	5-4 08:00	57.5	7-23 12:00	110.11	2000-7-15	2200	2000-7-14	672	2000-7-15	0.66	21
汝河	板桥	109.8/111.3	110.28	7-26 20:00	42	7-23 00:06	113.08	2003-9-9	5330	2002-6-22	103	2003-9-11	0.48	17
臻头河	薄山	113.8	111.15	9-1 20:00	90.3	5-3 19:46	122.75	1975-8-8	9700	1975-8-7	1600	1975-8-8	—	—
汝河	宿鸭湖	52	53.73	7-24 08:00	624	7-23 16:40	57.66	1975-8-8	24500	1975-8-8	6110	1975-8-9	—	—
颍河	白沙	223/224/225	221.09	2-28 08:00	27.5	3-6 20:30	230.91	1958-12-23	5430	1956	160	1957-8-8	—	—
沙河	昭平台	167/170/172	166.31	10-2 08:00	24	7-31 00:00	177.3	1975-8-8	9190	1992-5-5	3110	1975-8-8	—	—
沙河	白龟山	101/101.5/103	103.03	1-22 08:00	28.1	8-8 20:00	106.21	1975-8-8	7710	2000-7-4	3300	2000-7-4	—	—
澧河	孤石滩	145	149.65	2-13 17:00	1.86	7-24 19:06	158.72	1975-8-8	6690	1975-8-8	2610	1975-8-8	—	—
澺河	龙山	237	—	—	—	—	238.56	1998-8-1	761	1998-8-1	209	1998-8-1	—	—
潢河	南湾	103.3/103.5	104.55	9-1 08:00	51.7	6-5 17:25	105.72	2007-7-14	4690	2000-8-19	463	2007-7-19	1.05	49
小潢河	石山口	78.5/79.5	78.1	9-3 05:59	20.3	5-30 08:13	80.75	1987-8-28	2500	2007-7-14	425	1987-8-28	—	18
寨河-青龙河	五岳	88.3/89	89.62	8-30 16:00	51.6	8-30 17:00	89.9	1982-8-20	660	1982-7-14	228	1985-4-24	0.62	18
泼陂河	泼河	80.8/82	81.4	8-31 15:00	74	10-28 18:00	82.1	1996-7-18	890	1980-7-17	573	1980-7-17	—	—
史灌河	鲇鱼山	105.8/107	105.95	9-4 15:09	166	5-12 11:33	109.31	2003-7	4360	1986-7-16	1530	1986-7-16	—	—
史灌河	梅山	105.8/108	125.09	9-1 15:00	136	5-20 01:12	135.75	1991-7-10	13980	1991-7-10	3010	1991-7-10	—	—
淠河	响洪甸	125	125.05	9-1 08:06	405	9-24 05:48	134.17	1991-7-11	10200	1969-7-14	890	2003-7-10	0.05	2
淠河	磨子潭	179/180	180.89	11-22 20:00	53.4	9-5 10:24	204.49	1969-7-14	5780	1969-7-14	3300	1969-7-14	—	—
淠河	佛子岭	118.56/119.56	121.71	11-19 01:36	285	8-16 19:54	130.64	1969-7-14	12250	1969-7-14	5510	1969-7-14	—	—

注 由于在汛期不同时段（如前汛期和后汛期），水库可能对应不同的汛限水位，故表中汛限水位一栏中水库有一个或者多个汛限水位。

表 3－15

2008 年沂沭泗河水系水库特征值

河名	库名	汛限水位/m	2008 年特征值				历史特征值						库水位比较	
			最高库水位/m	出现时间/(月-日 时:分)	最大出库流量/(m³/s)	出现时间/(月-日 时:分)	最高库水位/m	出现时间/(年-月-日)	最大入库流量/(m³/s)	出现时间/(年-月-日)	最大出库流量/(m³/s)	出现时间/(年-月-日)	最大超汛限或正常蓄水位/m	天数
沂河	田庄	309/310.64	308.81	3-4 08:00	40.4	6-27 15:12	310.14	2001-8-4	2430	1984-7-12	698	1964-9-12	—	—
沂河	跋山	176/177.5	177.34	9-1 00:00	233	7-24 08:00	178.34	1974-8-14	4620	1962-7-19	1420	1974-8-14	—	—
东汶河	岸堤	173/175	172.57	1-1 00:00	43.5	8-7 08:00	175.33	1974-8-14	10200	1964-8-1	1350	1970-7-25	—	—
浚河	唐村	184.6/185.6	184.98	1-29 08:00	12.5	9-4 08:00	188.56	1971-8-25	1050	1965-7-27	156	1991-7-25	—	—
温凉河	许家崖	145/147	145.66	2-19 08:00	15	7-23 21:15	147.74	2003-9-2	3100	1993-8-5	594	1970-8-6	—	—
沭河	沙沟	231.5/232	231.7	8-21 20:00	35.3	8-21 21:06	234.57	1974-8-13	1580	1963-7-19	317	1974-8-13	—	—
沭河	青峰岭	160/161	159.4	8-4 06:00	70.1	7-30 18:36	160.95	1971-8-22	4850	1960-8-29	601	1971-8-28	—	—
袁公河	小仕阳	153/153.5	152.07	9-2 02:00	10.2	5-18 10:30	155.05	1974-8-14	2280	1974-8-13	409	1974-8-14	—	—
浔河	陡山	124.5/127	126.43	8-23 06:00	25.1	7-31 11:00	128.16	1974-8-14	2600	1974-8-13	559	1974-8-14	—	—
付疃河	日照	42/42.5	42.34	8-17 21:00	523	8-17 21:00	43.83	1974-8-14	12800	1962-7-14	1140	1974-8-14	—	—
小沂河	尼山	123.59/124.59	122.35	1-1 00:00	4.24	7-4 18:12	124.46	2007-8-18	1960	1995-8-16	364	1995-8-16	—	—
大沙河	西苇	106.06	106.49	1-1 00:00	1.87	9-1 10:40	107.54	2007-8-18	1050	1972-7-6	22.5	2003-8-26	0.43	129
城河	岩马	126/128	126.98	1-1 00:00	10.4	8-8 00:00	129.06	1971-8-25	1660	1963-8-30	313	1974-8-13	—	—
北沙河	马河	108/108.5	108.52	1-19 08:00	38.1	7-17 11:56	111.96	1971-8-25	1060	1972-7-6	267	2005-9-21	—	—
西加河	会宝岭	74.5/75.4	75.82	8-22 08:50	115	8-22 08:50	76.9	1970-8-8	2010	1963-7-22	459	1962-8-7	0.42	8
新沭河	石梁河	23.5/24.5	25.32	5-5 16:00	2120	8-22 10:05	26.82	1974-8-15	3400	1974-8-14	3510	1974-8-15	0.82	169
厚镇河	安峰山	16/16.5	—	—	—	—	18.22	1960-7-28	—	—	—	—	—	—
青口河	小塔山	32/32.8	32.96	8-22 12:00	88.1	7-24 16:06	34	1974-8-14	—	—	373	1974-8-14	0.16	3

注　由于在汛期不同时段(如前汛期和后汛期),水库可能对应不同的汛限水位,故表中汛限水位一栏中水库有一个或者多个汛限水位。

第四节　主要河流控制站来水量

2008 年，淮河干流除鲁台子站与常年相比偏少 1% 外，其余站来水量较常年偏多 2% ~23%，其中息县站偏多 16%，王家坝（总）站偏多 23%，润河集站偏多 10%，蚌埠（吴家渡）站偏多 2%；淮南支流史灌河蒋家集站偏少 31%、淠河横排头站偏少 3%；淮北支流洪汝河班台站偏多 9%，沙颍河阜阳闸站偏少 36%，涡河蒙城闸站偏少 2%；沂沭泗河水系沂河临沂站偏多 17%、沭河大官庄闸站（沭河人民胜利堰闸和新沭河闸合成）偏多 117%。

汛前（1—5 月），淮河干流除鲁台子站与常年相比持平外，其余站来水量较常年偏多 11% ~29%，其中息县站偏多 12%，王家坝（总）站偏多 29%，润河集站偏多 11%，蚌埠（吴家渡）站偏多 11%；淮南支流史灌河蒋家集站偏少 73%、淠河横排头站偏少 89%；淮北支流洪汝河班台站偏多 50%，沙颍河阜阳闸站偏少 6%，涡河蒙城闸站偏少 7%；沂沭泗河水系沂河临沂站偏多 32%、沭河大官庄闸站（沭河人民胜利堰闸和新沭河闸合成）偏多 411%。

汛期（6—9 月），淮河干流与常年相比偏多 2% ~25%，其中息县站偏多 19%，王家坝（总）站偏多 25%，润河集站偏多 16%，鲁台子站偏多 2%，蚌埠（吴家渡）站偏多 6%；淮南支流史灌河蒋家集站偏少 18%、淠河横排头站偏多 99%；淮北支流洪汝河班台站偏多 1%，沙颍河阜阳闸站偏少 44%，涡河蒙城闸站偏多 2%；沂沭泗河水系沂河临沂站偏多 13%、沭河大官庄闸站（沭河人民胜利堰闸和新沭河闸合成）偏多 96%。

汛后（10—12 月），淮河干流王家坝（总）站及以上与常年相比偏多 2% ~12%，王家坝（总）站以下偏少 16% ~22%，淮南支流史灌河蒋家集站偏多 35%、淠河横排头站偏少 89%；淮北支流洪汝河班台站偏少 8%，沙颍河阜阳闸站偏少 34%，涡河蒙城闸站偏少 22%；沂沭泗河水系沂河临沂站偏多 42%、沭河大官庄闸站（沭河人民胜利堰闸和新沭河闸合成）偏多 51%。

2008 年淮河流域主要站来水量统计对比见表 3 – 16。

第五节　水库与湖泊蓄水情况

2008 年年末（2009 年 1 月 1 日 8 时），全流域大型水库及湖泊共蓄水 121.06 亿 m^3，较常年多蓄 19.23 亿 m^3，较年初（2008 年 1 月 1 日 8 时）少蓄 2.09 亿 m^3。其中，淮河水系大型水库年末较年初多蓄 0.26 亿 m^3，沂沭泗河水系大型水库少蓄 1.39 亿 m^3，总体表现为淮河水系全年蓄水量偏多，而沂沭泗河水系偏少。汛期蓄水淮河水系、沂沭泗河水系均偏多，分别为 11.68 亿 m^3、0.97 亿 m^3。

与常年相比，2008 年年末大型水库、洪泽湖、骆马湖、上级湖、下级湖分别多蓄 7.79 亿 m^3、0.73 亿 m^3、1.88 亿 m^3、5.11 亿 m^3、3.72 亿 m^3；与年初相比，2008 年年末除了洪泽湖、骆马湖分别多蓄水 0.33 亿 m^3、1.36 亿 m^3 外，大型水库、上级湖、下级湖分别少蓄 1.13 亿 m^3、1.83 亿 m^3、0.82 亿 m^3。

2008 年汛末（10 月 1 日 8 时），淮河流域大型水库及湖泊共蓄水 133.01 亿 m^3，较汛初和历史同期分别增加 20.73 亿 m^3 和 23.89 亿 m^3。其中，大型水库、洪泽湖、骆马湖、上级湖、下级湖分别蓄水 63.83 亿 m^3、36.62 亿 m^3、10.05 亿 m^3、11.85 亿 m^3、10.66 亿 m^3，分

别较汛初增加 12.64 亿 m³、5.64 亿 m³、3.05 亿 m³、-1.63 亿 m³、1.03 亿 m³，较历史同期多蓄 11.98 亿 m³、4.88 亿 m³、3.3 亿 m³、2.74 亿 m³、0.99 亿 m³（表 3-17）。

由图 3-39 可知，淮河水系、淮河流域各月 1 日蓄水量呈现波动的变化趋势，而沂沭泗河水系各月 1 日蓄水量变化较小。与历史同期蓄水量相比，淮河水系、淮河流域各月 1 日蓄水量变化趋势相近，但淮河流域 2008 年各月 1 日蓄水量较历史同期蓄水量均偏多。从图 3-39 可知，淮河水系 9 月 1 日蓄水量达到全年峰值，为 57.13 亿 m³，此时淮河流域蓄水量为 70.44 亿 m³，与历史同期蓄水量相比，淮河流域 9 月 1 日蓄水量偏多 19.52 亿 m³。

由图 3-40 可知，大型水库、洪泽湖、骆马湖、南四湖 2009 年 1 月 1 日蓄水量占水库和湖泊蓄水量总和的比例与 2008 年同期相比变化不大，即 2008 年年初、年末大型水库、洪泽湖、骆马湖、南四湖蓄水量均未出现较大变动。其中，大型水库 2008 年 1 月 1 日、2009 年 1 月 1 日蓄水量分别为 56.57 亿 m³、55.43 亿 m³，占水库和湖泊蓄水量总和的比例最大，分别为 45.9%、45.8%，其次就是洪泽湖蓄水量比例，分别为 26.9%、27.6%。

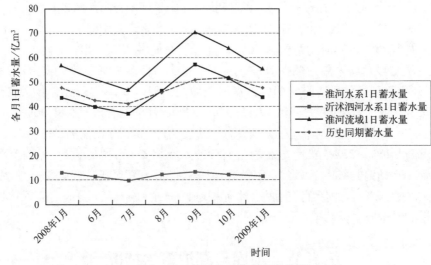

图 3-39　各月 1 日蓄水量变化图

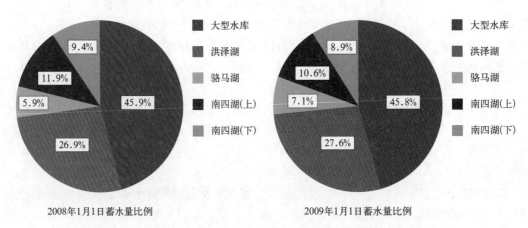

2008年1月1日蓄水量比例　　　　　　2009年1月1日蓄水量比例

图 3-40　2008 年 1 月 1 日及 2009 年 1 月 1 日水库、湖泊蓄水量比例图

表 3-16

2008 年淮河流域主要站来水量分析表

站名	类别	1月	2月	3月	4月	5月	6月	7月	8月	9月	10月	11月	12月	汛前平均	汛期平均	汛后平均	年平均
息 县 (总)	来水量/亿m³	0.8	1.2	0.7	5.9	2.4	1.6	10.1	11.8	4.1	2.3	1.8	1.4	10.9	27.7	5.5	44.0
	多年平均/亿m³	0.9	1.2	1.9	2.2	3.5	4.5	8.9	6.7	3.2	2.3	1.6	1	9.7	23.3	4.9	37.9
	比较值%	-13	0	-64	166	-33	-65	14	76	30	0	11	38	12	19	12	16
王家坝	来水量/亿m³	2.4	2.4	2.1	13.3	6.4	4.9	25.6	31.3	14.3	5.7	4.0	3.1	26.6	76.1	12.9	115.6
	多年平均/亿m³	2	2.3	4.2	4.8	7.3	10.3	24.3	17.2	9.2	6.1	4	2.6	20.6	61.0	12.7	94.3
	比较%	18	4	-50	178	-12	-52	5	82	55	-6	1	21	29	25	2	23
润河集	来水量/亿m³	3.5	3.8	2.9	15.2	7.2	6.4	24.7	41.5	19.5	4.8	5.5	4.5	32.6	92.2	14.8	139.5
	多年平均/亿m³	2.7	3.6	6	6.7	10.4	12.6	31.6	22	13.2	8.1	5.8	3.6	29.4	79.4	17.5	126.3
	比较%	29	4	-51	126	-30	-49	-22	89	48	-41	-4	24	11	16	-16	10
鲁台子	来水量/亿m³	5.7	7.3	5.0	20.2	10.4	13.0	35.4	60.3	32.4	11.4	9.8	6.8	48.6	141.1	28.1	217.7
	多年平均/亿m³	5.2	6.3	10	10.9	16.2	18.6	51.4	41.8	26.2	16	10.9	7.3	48.6	138.0	34.2	220.8
	比较%	10	15	-50	85	-36	-30	-31	44	24	-29	-10	-6	0	2	-18	-1
吴家渡	来水量/亿m³	7.1	10.5	5.8	25.3	12.7	14.1	49.0	83.0	38.1	15.3	12.2	7.5	61.3	184.2	35.1	280.7
	多年平均/亿m³	5.9	7.2	11.8	12.3	18	20.9	60.3	55.7	36.8	22.1	14	9	55.2	173.7	45.1	274.0
	比较%	20	46	-51	105	-30	-33	-19	49	4	-31	-13	-16	11	6	-22	2
蒋家集	来水量/亿m³	0.4	0.5	0.2	2.9	0.2	1.0	1.7	4.9	3.1	1.6	1.3	0.5	2.1	10.7	3.4	16.2
	多年平均/亿m³	0.7	0.9	1.3	2.5	2.9	2.6	5.6	3.1	1.8	1	0.9	0.6	7.8	13.1	2.5	23.4
	比较%	-44	-42	-87	14	-91	-63	-69	58	73	61	46	-23	-73	-18	35	-31
横排头	来水量/亿m³	0.1	0.0	0.0	0.6	0.0	1.0	2.1	6.1	3.3	0.0	0.1	0.0	0.7	12.5	0.2	13.4
	多年平均/亿m³	0.8	0.8	1.2	1.4	1.7	1.3	2.2	1.7	1.1	0.5	0.6	0.5	5.9	6.3	1.6	13.8
	比较%	-90	-100	-100	-60	-98	-21	-4	259	197	-92	-76	-100	-89	99	-89	-3
班 台	来水量/亿m³	0.8	0.3	0.8	3.3	2.7	1.3	8.2	6.3	2.3	1.2	1.3	1.1	7.8	18.0	3.6	29.4
	多年平均/亿m³	0.5	0.5	0.8	1.4	2	2.5	6.4	6	2.9	1.9	1.2	0.8	5.2	17.8	3.9	26.9
	比较%	56	-34	-3	133	33	-49	28	5	-22	-38	9	39	50	1	-8	9
阜 阳	来水量/亿m³	0.9	1.2	1.0	2.9	2.6	1.8	8.8	5.9	3.6	1.8	1.9	1.9	8.6	20.1	5.6	34.2
	多年平均/亿m³	1.4	1.1	1.4	2.5	2.8	3.6	13.7	13.1	5.7	4.1	2.5	1.8	9.2	36.1	8.4	53.7
	比较%	-34	12	-31	14	-6	-50	-36	-55	-37	-57	-26	7	-6	-44	-34	-36
蒙 城	来水量/亿m³	0.4	0.2	0.2	0.6	0.8	0.7	5.2	4.3	1.6	0.6	0.6	0.3	2.3	11.9	1.5	15.7
	多年平均/亿m³	0.3	0.2	0.3	0.6	1.1	1.2	4.8	3.8	1.8	1	0.6	0.3	2.5	11.6	1.9	16.0
	比较%	46	19	-19	5	-29	-44	9	13	-10	-45	-2	12	-7	2	-22	-2
临 沂	来水量/亿m³	0.3	0.3	0.5	0.9	0.2	0.7	9.0	7.2	2.9	1.3	1.1	0.5	2.2	19.7	3.0	25.0
	多年平均/亿m³	0.4	0.3	0.3	0.3	0.4	1.2	6.9	6.7	2.7	1	0.6	0.5	1.7	17.5	2.1	21.3
	比较%	-13	4	54	192	-39	-43	30	8	6	31	91	7	32	13	42	17
大官庄	来水量/亿m³	1.0	0.5	0.7	1.2	1.2	0.6	5.7	8.5	2.0	0.9	0.6	0.3	4.6	16.8	1.8	23.2
	多年平均/亿m³	0.2	0.1	0.3	0.3	0.2	0.6	3.5	3	1.5	0.6	0.3	0.3	0.9	8.6	1.2	10.7
	比较%	404	446	237	500	487	3	64	184	30	54	89	8	411	96	51	117

表 3-17

2008 年淮河流域各月大型水库及湖泊蓄水情况统计表

单位: 亿 m³

湖库名	类别	1月	6月	7月	8月	9月	10月	2009年1月	汛期蓄水变量	全年蓄水变量
大型水库	淮河水系1日蓄水量	43.58	39.94	37.04	46.41	57.13	51.61	43.84	11.68	0.26
	沂沭泗河水系1日蓄水量	12.99	11.24	9.76	12.25	13.31	12.21	11.59	0.97	-1.39
	淮河流域1日蓄水量	56.57	51.18	46.79	58.66	70.44	63.83	55.43	12.64	-1.13
	历史同期蓄水量	47.64	42.47	41.05	45.74	50.92	51.85	47.64	—	—
	比历史同期偏多(少)	8.93	8.71	5.74	12.92	19.52	11.98	7.79	5.64	0.33
洪泽湖	本月1日蓄水量	33.12	30.98	26.64	30.33	27.27	36.62	33.45	—	—
	历史同期蓄水量	32.72	27.36	20.25	33.36	32.05	31.74	32.72	—	—
	比历史同期偏多(少)	0.4	3.62	6.39	-3.03	-4.78	4.88	0.73	3.05	1.36
骆马湖	本月1日蓄水量	7.23	7	6.68	7.26	8.62	10.05	8.59	—	—
	历史同期蓄水量	6.71	4.9	3.52	6.66	6.33	6.75	6.71	—	—
	比历史同期偏多(少)	0.52	2.1	3.16	0.6	2.29	3.3	1.88	—	-1.83
南四湖(上)	本月1日蓄水量	14.64	13.48	11.49	11.49	12.27	11.85	12.81	-1.63	—
	历史同期蓄水量	7.7	5.66	4.5	8.19	10.05	9.11	7.7	—	—
	比历史同期偏多(少)	6.94	7.82	6.99	3.3	2.22	2.74	5.11	—	—
南四湖(下)	本月1日蓄水量	11.6	9.63	10.36	10.78	12.45	10.66	10.78	1.03	-0.82
	历史同期蓄水量	7.06	5.29	4.86	8.01	9.92	9.67	7.06	—	—
	比历史同期偏多(少)	4.54	4.34	5.5	2.77	2.53	0.99	3.72	—	—
总计	本月1日蓄水量	123.16	112.27	101.96	118.52	131.05	133.01	121.06	20.73	-2.09
	历史同期蓄水量	101.83	85.68	74.18	101.96	109.27	109.12	101.83	—	—
	比历史同期偏多	21.33	26.59	27.78	16.56	21.78	23.89	19.23	—	—

注　本次统计38座大型水库中的36座，不包含近年新建的白莲崖水库（2004年开建）、燕山水库（2006年开建）。

第六节 入江、入海水量分析

据统计，2008年淮河流域入江入海水量共计389.78亿m³（包括入江水量176.22亿m³和入海水量213.57亿m³）。其中，入江水量包括入江水道归江三闸的来水量，其中万福闸为163.5亿m³、金湾闸为6.34亿m³、太平闸为6.38亿m³；入海水量从北向南分别为付疃河（日照水库出库）2.35亿m³，青口河（小塔山水库出库）2.19亿m³，新沭河（石梁河水库出库）23.53亿m³，新沂河（沭阳站）59.47亿m³，废黄河（滨海闸）3.9亿m³，灌溉总渠24.63亿m³，里下河四大港闸97.5亿m³（射阳港、黄沙港、新洋港、斗龙港分别为53.28亿m³、9.35亿m³、22.6亿m³、12.27亿m³）见表3-18。其中入江水道归江三闸、里下河四大港闸、灌溉总渠、新沂河、新沭河分别占入江入海总水量的45.2%、25.0%、6.3%、15.3%和6%。2008年淮河流域入江入海水量与历年同期（398.5亿m³）相比变幅较小，偏少8.72亿m³。

2008年入海水量为213.57亿m³，入江水量为176.22亿m³，由图3-41可知，年入海水量占入江入海总水量的54.8%，入海水量较入江水量偏多。另外，由图3-42可知，各站入海水量差别较大，其中石梁河水库、沭阳站、灌溉总渠、里下河四大港闸中的射阳河闸和新洋港闸年入海水量均超过了20亿m³，沭阳站年入海水量占所有站入海水量总和的比例最高，比例为27.8%，其次是里下河四大港闸中的射阳河闸，比例为24.9%。

表3-18　　　　　　　　2008年淮河流域入江入海水量统计

类型	省份	站名	所在河流	径流总量/亿m³	比例/%
入江	江苏	万福闸	廖家沟	163.50	42.00
		金湾闸	金湾河	6.34	1.60
		太平闸	太平河	6.38	1.60
入江合计				176.22	45.20
入海	山东	日照水库	付疃河	2.35	0.60
	江苏	小塔山水库	青口河	2.19	0.60
		石梁河水库	新沭河	23.53	6.00
		沭阳站	新沂河	59.47	15.30
		滨海闸	废黄河	3.90	1.00
		海口南闸	入海水道	0	0
		海口北闸		0	0
		六垛南闸	灌溉总渠	24.63	6.30
		射阳河闸	射阳河	53.28	13.70
		黄沙港闸	黄沙港	9.35	2.40
		新洋港闸	新洋港	22.60	5.80
		斗龙港闸	斗龙港	12.27	3.10
入海合计				213.57	54.80
入江入海总计				389.79	100.00

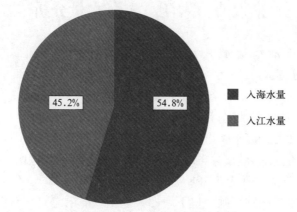

入海水量

入江水量

图 3-41　入江、入海水量比例图

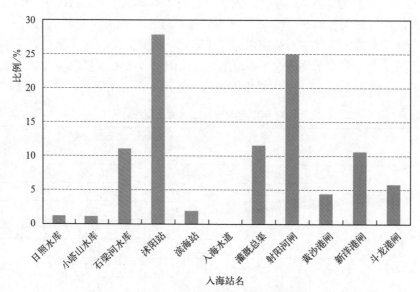

图 3-42　各站入海水量占总入海水量比例

第四章 水利工程运用对洪水的影响

第一节 水库与湖泊

一、水库

2008年，淮河流域已建大型水库共有36座，其中淮河水系和沂沭泗河水系各18座。水库控制的总流域面积为3.42万km²，总库容为190.16亿m³。正在建设的大型水库有燕山水库和白莲崖水库。燕山水库位于沙颍河上游的主要支流澧河上游，控制流域面积为1169km²，总库容为9.25亿m³，于2003年12月9日动工建设。白莲崖水库位于淠河东源佛子岭水库上游西支漫水河上游，控制流域面积为747km²，总库容为4.60亿m³，于2005年12月23日动工建设。

2008年暴雨洪水主要在淮河以南、沙颍河及沂沭泗河大部，部分大型水库出现了较大入库洪水。淮河水系南湾水库8月16日20时出现最大入库流量1740m³/s，9月1日20时出现最高水位104.55m；梅山水库6月22日20时出现最大入库流量3300m³/s，9月1日15时出现最高水位125.09m；宿鸭湖水库7月23日23时出现最大入库流量3680m³/s。沂沭泗河水系岸堤水库7月23日14时出现最大入库流量1780m³/s；石梁河水库8月22日0时出现最大入库流量2560m³/s。洪水期间各水库不同程度地发挥了调蓄作用。2008年淮河流域部分大型水库的拦洪和削峰效果见表4－1。

表4－1　　　　　2008年淮河流域部分大型水库拦洪与削峰效果统计表

河名	水库名	入库洪水起止时间/(月－日)	蓄水总量/亿m³		占入库洪水总量/%	入库洪峰		出库最大流量		削减洪峰流量/(m³/s)	占入库洪峰流量/%
			入库	最大拦蓄		流量/(m³/s)	时间/(月－日时:分)	流量/(m³/s)	时间/(月－日时:分)		
浉河	南湾	4－19—22	0.62	0.56	90.3	785	4－20 2:00	26.4	4－20 2:00	759	96.7
		8－13—18	1.17	1.03	88.0	1740	8－16 20:00	35.6	8－14 0:00	1704	97.9
小潢河	石山口	4－19—22	0.16	0.16	100.0	207	4－20 4:00	0	—	207	100.0
		8－16—19	0.38	0.37	97.3	774	8－16 20:00	7.3	8－16 6:00	767	99.1
		8－29—9－1	0.22	0.20	90.9	273	8－30 14:00	6.5	8－29 6:00	267	97.8
洪河	石漫滩	7－21—23	0.11	0.11	100.0	138	7－23 8:00	0	—	138	100.0
臻头河	薄山	5－3—6	0.28	0.12	44.6	690	5－3 22:00	87.6	5－4 8:00	602	87.2
汝何	板桥	7－21—26	1.08	0.95	87.8	1330	7－22 18:00	41.7	7－23 2:00	1288	96.3
灌河	鲇鱼山	8－29—9－2	0.88	0.82	93.5	1670	8－30 16:00	57.6	8－30 16:00	1612	96.5
史河	梅山	6－21—27	1.71	1.63	95.2	3300	6－22 20:00	131	6－21 14:00	3169	96.0
		8－26—9－1	1.88	1.22	65.3	2570	8－30 18:00	129	8－28 0:00	2441	95.0
淠河西源	响洪甸	6－21—25	1.23	1.22	99.4	2380	6－22 18:00	18	6－21 16:00	2362	99.2
淠河东源	佛子岭	6－21—26	1.40	1.10	78.9	1360	6－22 22:00	93.7	6－23 14:00	1266	93.1
东汶河	岸堤	7－23—26	1.24	1.11	89.9	1780	7－23 14:00	42.3	7－24 6:00	1738	97.6
沂河	跋山	7－22—28	0.96	0.48	0.5	1050	7－23 12:00	233	7－24 8:00	817	77.8
新沭河	石梁河	8－18—21	1.27	0.097	7.6	2560	8－22 0:00	797	8－18 20:00	1763	68.9

为分析 2008 年洪水期间水库的防洪作用，对出现较大入库洪水的南湾、石山口、石漫滩等水库分析其调蓄运用对下游控制站洪水过程的影响，并分析淮河水系大型水库调蓄运用对淮河干流主要控制站及洪泽湖洪水的综合影响。

采用的分析方法：以反推入库洪水过程（由出库流量与水库蓄变量推求）作为水库不拦蓄情况下的坝址洪水过程；用马斯京根河道流量演算方法，分别将水库的入库洪水和实测出库洪水过程演算至下游控制站，按下式计算下游控制站在水库不拦蓄情况下的还原洪水过程：

$$Q_{下,还原} = Q_{下,实测} + Q_{入库演算} - Q_{出库演算}$$

式中：$Q_{下,还原}$ 为水库不拦蓄情况下下游控制站的流量；$Q_{下,实测}$ 为水库下游控制站实测流量；$Q_{入库演算}$ 为入库洪水演算至下游控制站的流量；$Q_{出库演算}$ 为实测出库洪水演算至下游控制站的流量。计算中，假定流量能够完全沿河道下泄。

马斯京根河道流量演算参数，采用《淮河流域淮河水系实用水文预报方案》《淮河流域实用水文预报补充方案》《淮河流域正阳关以上短历时实用水文预报方法研究》等现行水文预报方案中已有的分析成果。

（一）对下游控制站洪水影响

1. 南湾水库、石山口水库对淮河息县站、淮滨站、王家坝站的洪水影响

南湾水库建于 1955 年，位于淮河上游南岸支流浉河，控制面积为 1100km²，总库容为 $16.30 \times 10^8 m^3$。石山口水库建于 1968 年，位于淮河上游南岸支流小潢河，控制面积为 306km²，总库容为 $3.72 \times 10^8 m^3$。

2008 年 4 月 19—22 日，南湾水库、石山口水库分别出现 1 次较大入库洪水，最大入库流量分别为 785m³/s（4 月 20 日 2 时）、207m³/s（4 月 20 日 4 时），最大拦蓄水量分别为 0.56 亿 m³、0.16 亿 m³。相应于南湾水库、石山口水库入库洪水过程，下游淮河息县站和王家坝站也分别出现较大洪水。

经分析计算，4 月 19—22 日的入库洪水，由于南湾水库、石山口水库的调蓄作用，下游淮河息县站、淮滨站及王家坝站洪峰流量分别减少 330m³/s、340m³/s 和 278m³/s，洪峰水位分别降低 0.62m、0.57m 和 0.14m（表 4-2、图 4-1 和图 4-2）。

表 4-2　　南湾水库、石山口水库拦蓄对淮河息县站、王家坝站洪峰影响比较表

站 名	洪水起止时间 /(月-日)	水库不调蓄的还原洪水			经水库调蓄后的实测洪水			削减洪峰流量		降低洪峰水位 /m
		最大流量		最高水位 /m	最大流量		最高水位 /m	流量 /(m³/s)	削峰率 /%	
		流量 /(m³/s)	出现时间 /(月-日 时:分)		流量 /(m³/s)	出现时间 /(月-日 时:分)				
息 县	4-18—26	3310	4-21 4:00	40.65	2980	4-21 2:00	40.03	330	10.0	0.62
	8-13—22	3890	8-17 16:00	41.10	3220	8-17 16:00	40.15	670	17.2	0.95
淮 滨	4-19—30	2660	4-22 8:00	29.80	2320	4-22 5:00	29.23	340	12.8	0.57
	8-14—26	3790	8-19 0:00	31.00	3160	8-18 16:00	30.13	630	16.6	0.87
王家坝	4-19—5-2	4410	4-22 10:00	27.90	4132	4-22 6:00	27.76	278	6.3	0.14
	8-14—28	6340	8-19 2:00	28.90	5740	8-18 20:00	28.45	600	9.5	0.45

注　本表王家坝流量为王家坝(干流)、钐岗、地理城三站流量之和。

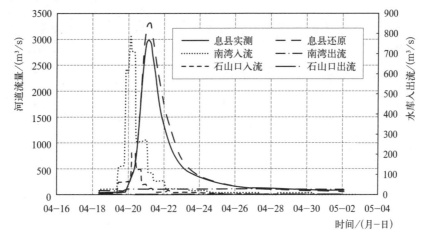

图 4-1　2008 年 4 月南湾水库与石山口水库入库、出库及息县站流量过程线图

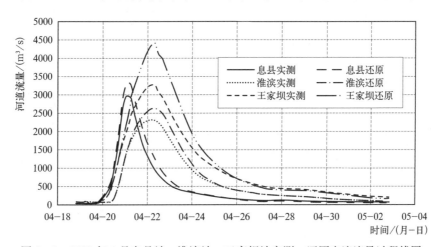

图 4-2　2008 年 4 月息县站、淮滨站、王家坝站实测、还原出流流量过程线图

2008 年 8 月 13—19 日，南湾水库、石山口水库再次现较大入库洪水，最大入库流量分别为 1740m³/s（8 月 16 日 20 时）、774m³/s（8 月 16 日 20 时），为全年最大 1 次入库洪水，最大拦蓄水量分别为 1.03 亿 m³、0.37 亿 m³。相应于南湾水库、石山口水库入库洪水过程，下游淮河息县站和王家坝站也分别出现较大洪水。

经分析计算，8 月 13—19 日的入库洪水，由于南湾水库、石山口水库的调蓄作用，下游淮河息县站、淮滨站及王家坝站洪峰流量分别减少 670m³/s、630m³/s 和 600m³/s，洪峰水位分别降低 0.95m、0.87m 和 0.45m（表 4-2、图 4-3 和图 4-4）。

2. 洪河石漫滩水库对下游桂李站洪水的影响

洪河石漫滩水库控制面积为 230km²，占桂李站以上流域面积（1050km²）的 22%。洪河桂李站以上河道保证流量为 650m³/s；下游的西平县城河段，河道弯曲狭窄，行洪能力骤减，保证流量只有 350m³/s。桂李站是老王坡滞洪区运用的控制站，当桂李站水位达到 63.00m 时，开启桂李分洪闸向老王坡分洪。分洪口位于桂李站基本水尺断面以上约 300m。

2008 年 7 月 21—23 日，石漫滩水库出现 1 次较大入库洪水，最大入库流量为 138m³/s

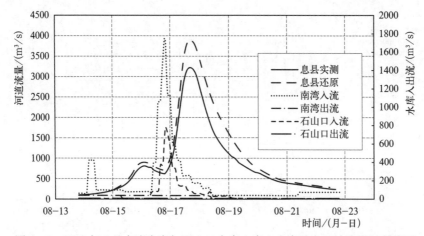

图 4-3 2008 年 8 月南湾水库与石山口水库入库、出库及息县站流量过程线图

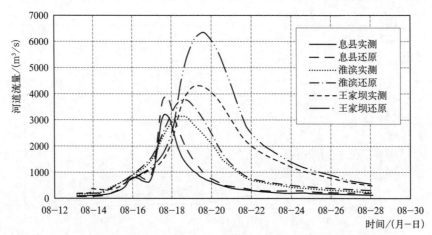

图 4-4 2008 年 8 月息县站、淮滨站、王家坝站实测、还原出流流量过程线图

（7 月 23 日 8 时），为全年最大 1 次入库洪水，最大拦蓄水量分别为 0.11 亿 m³。相应于石漫滩水库水库入库洪水过程，下游桂李站出现 1 次涨水过程。

采用现行水文预报方案中石漫滩水库至杨庄河段的河道汇流系数，将入库蓄变量过程演算至水库下游杨庄站，根据传播时间将演算过程平移至下游桂李站（杨庄河段与桂李站相距 17km，洪水传播时间约 4h），以此分析石漫滩水库对桂李站洪水的影响。

经分析计算，7 月 21—23 日的入库洪水，由于石漫滩水库的调蓄作用，下游桂李站洪峰流量减少 66m³/s，洪峰水位降低 0.5m 左右（图 4-5）。

3. 史灌河鲇鱼山水库、梅山水库对史灌河蒋家集站、淮河润河集站洪水的影响

鲇鱼山水库位于史灌河的灌河上游，控制面积为 924km²；梅山水库位于史灌河的史河上游，控制面积为 1970km²。两水库总控制面积占史灌河蒋家集站流域面积（5930km²）的 48.8%。

2008 年，鲇鱼山水库、梅山水库于 8 月 26 日—9 月 2 日同时出现年最大入库洪水。鲇鱼山、梅山水库入库洪峰流量分别为 1670m³/s（8 月 30 日 16 时）和 2570m³/s（8 月 30 日 18 时）。史灌河蒋家集站 8 月 31 日 16 时出现最大流量 614 m³/s，同期淮河中游也出现

— 94 —

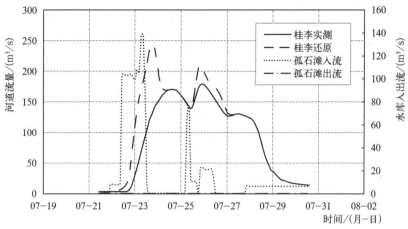

图 4-5 2008 年石漫滩水库入库、出库及洪河桂李站流量过程线图

了汛期最大洪水过程。为减轻史灌河下游和淮河干流防洪压力，水库进行了控制运用。鲇鱼山水库、梅山水库相应最大出库流量分别为 57.6（8 月 30 日 16 时）、129m³/s（8 月 28 日 0 时）。经水库调蓄，鲇鱼山水库、梅山水库削减入库洪峰流量分别为 96.5%、95%，两水库最大拦蓄水量 2.04 亿 m³。

经分析计算，鲇鱼山水库、梅山水库的调蓄使蒋家集站洪峰流量减少 1670m³/s，洪峰水位降低 1.65m；使淮河润河集（陈郢，下同）站洪峰流量减少 710m³/s，洪峰水位降低 0.79m（表 4-3、图 4-6 和图 4-7）。

表 4-3　鲇鱼山水库、梅山水库对史灌河蒋家集、淮河润河集站洪峰影响比较表

站　名	洪水起止时间 /（月-日）	水库不调蓄的还原洪水			经水库调蓄后的实测洪水			削减洪峰流量		降低洪峰水位 /m
		最大流量		最高水位 /m	最大流量		最高水位 /m			
		流量 /（m³/s）	出现时间 /（月-日 时:分）		流量 /（m³/s）	出现时间 /（月-日 时:分）		流量 /（m³/s）	削峰率 /%	
蒋家集	8-27—9-5	2540	8-31　16:00	31.10	614	8-31　16:00	29.45	1926	75.8	1.65
润河集	8-30—9-13	3560	9-1　12:00	24.10	2350	9-3　16:00	23.31	1210	34.0	0.79

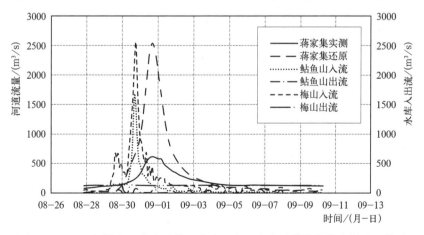

图 4-6　2008 年鲇鱼山水库及梅山水库入库、出库及蒋家集站流量过程线图

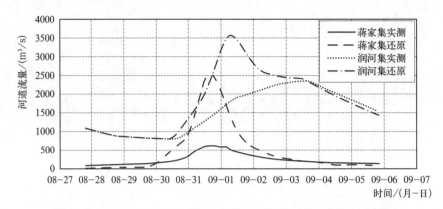

图 4-7　2008 年蒋家集站实测、还原出流及润河集站流量过程线图

4. 东汶河岸堤水库、沂河跋山水库对沂河葛沟站、临沂站洪水的影响

跋山水库位于跋山与白腊顶之间沂河干流上，控制流域面积为 1779km²，总库容为 $5.09 \times 10^8 m^3$；岸堤水库位于泰沂山南，沂河支流东汶河上，控制流域面积为 1694km²，总库容为 $7.49 \times 10^8 m^3$。两水库总控制面积占沂河葛沟站流域面积（5565km²）的 61.7%。

2008 年 7 月 22—28 日，岸堤水库、跋山水库分别出现 1 次较大入库洪水过程。岸堤水库、跋山水库入库洪峰流量分别为 1780m³/s（7 月 23 日 14 时）和 1050m³/s（7 月 23 日 12 时）。下游沂河葛沟站 7 月 24 日 8 时出现最大流量 1210m³/s。为减轻沂河下游防洪压力，水库进行了控制运用。岸堤水库、跋山水库相应最大出库流量分别为 42.3m³/s（7 月 24 日 6 时）、233m³/s（7 月 24 日 8 时）。经水库调蓄，岸堤水库、跋山水库削减入库洪峰流量分别为 97.6%、77.8%，两水库最大拦蓄水量 1.59 亿 m³。

表 4-4　　　　岸堤水库、跋山水库拦蓄对沂河葛沟、临沂站洪峰影响比较表

站　名	洪水起止时间 /（月-日）	水库不调蓄的还原洪水			经水库调蓄后的实测洪水			削减洪峰流量		降低洪峰水位 /m
		最大流量		最高水位 /m	最大流量		最高水位 /m			
		流量 /（m³/s）	出现时间 /（月-日 时:分）		流量 /（m³/s）	出现时间 /（月-日 时:分）		流量 /（m³/s）	削峰率 /%	
葛　沟	7-23—31	2860	7-24　6:00	89.50	1210	7-24　8:00	88.58	1650	57.7	0.92
临　沂	7-23—31	4170	7-24　12:00	60.80	2540	7-24　12:00	60.35	1630	39.1	0.45

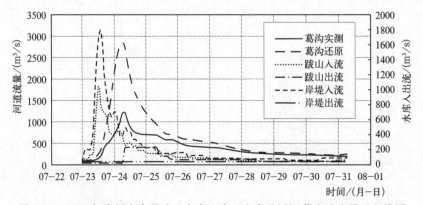

图 4-8　2008 年岸堤水库及跋山水库入库、出库及沂河葛沟站流量过程线图

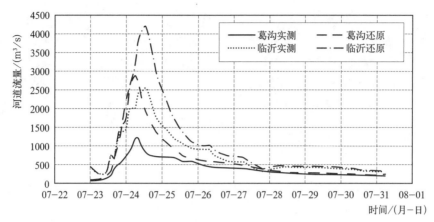

图 4 - 9　2008 年葛沟站及临沂站实测、还原出流流量过程线图

经分析计算，岸堤水库、跋山水库的调蓄使葛沟站洪峰流量减少 $1650 m^3/s$，洪峰水位降低 $0.92m$；使沂河临沂站洪峰流量减少 $1630 m^3/s$，洪峰水位降低 $0.45m$（表 4 - 4、图 4 - 8 和图 4 - 9）。

（二）大型水库对淮河干流主要控制站洪水综合影响

淮河水系共有 20 座大型水库，其中，燕山水库、白莲崖水库处于建设阶段。2008 年汛期，这些大型水库中的南湾、石山口、宿鸭湖（包括板桥、薄山）、石漫滩、鲇鱼山、梅山、响洪甸、佛子岭（包括磨子潭）等水库均出现较为明显的入库过程。水库拦蓄洪水与削减洪峰的效果明显，为减轻淮河干流汛情起到重要作用。以下分析上述水库的调蓄作用对淮河干流主要控制站洪水的综合影响（其余水库洪水不大，水库拦蓄量较小，特别是沙颍河上游白沙、白龟山、昭平台、孤石滩等水库，距离淮河干流很远，未参加计算）。

将各水库蓄水变量过程按洪水传播路径逐级演算至淮河各主要控制站，与控制站实测洪水过程同时相加，得到在水库不拦蓄情况下各控制站的流量过程，以此分析对各站洪峰的影响，分析结果见表 4 - 5。

表 4 - 5　　　淮河水系大型水库拦蓄对淮河干流主要控制站洪峰综合影响结果表

站　名	洪水起止时间 /（月 - 日）	水库不调蓄的还原洪水			经水库调蓄后的实测洪水			削减洪峰流量		降低洪峰水位 /m
		最大流量		最高水位 /m	最大流量		最高水位 /m	流量 /（m³/s）	削峰率 /%	
		流量 /（m³/s）	出现时间 /（月 - 日 时:分）		流量 /（m³/s）	出现时间 /（月 - 日 时:分）				
王家坝	4 - 19—5 - 2	4590	4 - 22　8:00	28.05	4132	4 - 22　2:00	27.76	458	9.98	0.29
	8 - 14—28	6560	8 - 19　2:00	30.10	5740	8 - 18　20:00	28.45	820	12.50	1.65
润河集	4 - 19—5 - 4	2300	4 - 23　20:00	23.50	2230	4 - 23　20:00	23.28	70	3.04	0.22
	8 - 15—30	4360	8 - 19　10:00	26.00	3720	8 - 20　16:00	24.68	640	14.78	1.32
正阳关	4 - 19—5 - 5	2600	4 - 24　10:00	20.10	2470	4 - 24　14:00	19.74	130	5.00	0.36
	8 - 16—31	5280	8 - 20　0:00	22.10	3740	8 - 21　8:00	21.76	1540	29.17	0.34
蚌　埠 （吴家渡）	4 - 20—5 - 5	2910	4 - 23　18:00	16.10	2741	4 - 23　18:00	15.92	169	5.81	0.18
	8 - 16—9 - 2	5960	8 - 21　20:00	19.50	4470	8 - 22　20:00	18.28	1490	25.00	1.22
小柳巷	4 - 20—5 - 5	3360	4 - 25　2:00	14.85	3220	4 - 24　14:00	14.66	140	4.17	0.19
	8 - 16—9 - 3	6020	8 - 22　22:00	16.65	4480	8 - 23　8:00	15.81	1540	25.58	0.84

注　1. 本表王家坝站流量为王家坝（淮河）、钐岗、王家坝闸合并流量。
　　2. 正阳关站流量数据为鲁台子站的流量。

由计算结果可知，2008年淮河水系大型水库的拦蓄洪水对淮河干流主要站洪峰影响明显。春季第一场洪水，王家坝站、润河集站削减洪峰流量3%～10%；正阳关至小柳巷削减洪峰流量约5%，降低洪峰水位0.18～0.36m。夏季最大场次洪水，王家坝站、润河集站削减洪峰流量9%～15%，降低洪峰水位1.32～1.65m；正阳关至小柳巷削减洪峰流量约25%～30%，降低洪峰水位0.34～1.22m。

二、湖泊

（一）洪泽湖

洪泽湖控制淮河上中游所有来水，集水面积为15.8万km²。洪泽湖的来水除淮河干流外，还有怀洪新河（原漴潼河）、新汴河、老濉河、濉河、徐洪河（原安河）和池河等支流。出湖水量由入江水道三河闸、苏北灌溉总渠高良涧闸和高良涧电站、淮沭河二河闸控制，其中二河闸以下又有入海水道可分泄洪泽湖洪水入黄海。

2008年汛前，洪泽湖蒋坝站水位基本在正常蓄水位（13.00m）以上小幅波动，最高水位为13.53m（4月28日）。入汛后，蒋坝站水位一度因农业用水而迅速下降，于6月20日出现年最低水位12.37m。随着淮河流域的降雨，上游来水逐渐加大，蒋坝站6月20日后水位开始上升，并在汛限水位（12.5m）以上小幅波动。受8月13—30日连续暴雨过程影响，9月4日后水位明显上升，并于9月26日达到汛期最高水位13.55m，超过洪泽湖汛限水位1.05m，超过蒋坝站警戒水位0.05m。汛末水位为13.40m，汛后水位保持在正常蓄水位以上。

入江水道三河闸于7月13日开闸提前预泄洪水，至9月6日闸门全关，其中7月31日—8月8日63孔闸门全部提出水面敞泄洪水，流量在5000m³/s以上，最大下泄流量为6590m³/s（8月2日）。7月13日—9月6日，通过三河闸排入入江水道的洪水总量为116.7亿m³，占同期洪泽湖出湖洪水总水量120.8亿m³的96.7%。

淮沭河二河闸于7月25日开闸泄洪，最大流量为644m³/s（8月14日），至8月15日闸门全关。7月25日—8月15日，洪泽湖由二河闸共分泄淮河洪水4.0亿m³，占同期洪泽湖出湖洪水总水量88.1亿m³的4.5%。

苏北灌溉总渠高良涧闸先后2次开闸泄洪，第1次于4月21日开闸，至5月16日关闭，最大下泄流量为800m³/s（4月27日），期间分泄洪水12.1亿m³入海。第2次于6月27日开闸，至7月24日关闭，最大下泄流量为670m³/s（7月8日），期间分泄洪水10.7亿m³入海。

2008年洪泽湖入湖最大日平均流量为14600m³/s（8月1日），经洪泽湖调蓄，出湖最大日平均流量为6580m³/s（8月4日），削减最大流量8020m³/s，占入湖最大日平均流量的54.9%。

（二）南四湖

南四湖是一个狭长形湖泊，南北长120km，东西平均宽度10.7km，最窄处仅5km。其兼有湖泊和河道的特性。南四湖是一浅水湖泊，总库容为53.7亿m³，正常蓄水位时，库容为16.8亿m³，相应水面面积为1165km²，平均水深只有1.44m。在2008年汛期7月17日—8月8日洪水中，南四湖入湖洪量为0.84亿m³，全部被拦蓄。南四湖的拦蓄在沂沭泗河水系的洪水防御中起到了重要作用。

南四湖调蓄作用对洪峰流量的削减作用明显。经推算，2008年上级湖日平均最大入湖流量为1099m³/s（7月23日），二级坝枢纽相应的日平均最大下泄流量为823m³/s（7月23日），削减日平均最大入湖流量的25.1%。2008年下级湖日平均最大入湖流量为2180m³/s（7月23日），相应日平均最大下泄流量为1210m³/s（7月24日），削减日平均最大入湖流量的44.5%。

南四湖上级湖南阳站水位汛末比汛初下降了0.34m，蓄水量减少0.14亿m³；下级湖微山站水位汛末较汛初基本持平。

（三）骆马湖

骆马湖总库容为19.0亿m³，防洪库容为11.5亿m³，是沂沭泗河水系下游地区重要的洪水调蓄湖泊，在沂沭泗河水系的防洪调度中起到极其重要的作用。

2008年洪水期间，骆马湖日平均最大入湖流量和相应的日平均最大出湖流量分别为5460m³/s（7月25日）和4830m³/s（7月26日），削减日平均最大入湖流量的11.5%。骆马湖嶂山闸的错峰调度，很好地配合了分淮入沂，发挥了骆马湖的调蓄作用。骆马湖汛末比汛初增加蓄水2.4亿m³。

第二节 分 洪 河 道

一、新沭河东调

2008年沭河大官庄枢纽新沭河闸开启东调分洪，洪水经新沭河快速入海，有效加快了沭河上游洪水下泄，减轻了沭河下游以及新沂河的防洪压力。

大官庄枢纽是沂沭河洪水东调南下入海的控制工程，由新沭河闸、人民胜利堰闸等组成。新沭河闸主要控制沂沭河洪水东调经新沭河入海，设计流量为6000m³/s，相应闸上水位为55.85m，闸下水位为55.60m。校核流量为7000m³/s，相应闸上水位为56.99m，闸下水位为56.69m。人民胜利堰闸主要控制沂沭河洪水南下入老沭河，再经由新沂河入海，设计流量为2500m³/s，相应闸上水位为55.86m，闸下水位为52.77m。校核流量为3000m³/s，相应闸上水位为57.02m，闸下水位为53.34m。

2008年，沭河主要出现6次洪水过程，其中新沭河闸分洪流量在600m³/s以上的有3次。

第1次分洪：7月22—28日，沭河上游出现明显来水过程，由于洪水不大，依据沂沭泗河洪水调度方案，本次洪水全部通过新沭河闸东调入海。23日21时30分新沭河闸加大分洪开启孔数由6孔增加至10孔，开启高度由0.72m提高到1.33m，分洪流量由20时291m³/s加大到516m³/s，24日12时出现最大分洪流量743m³/s。由于水位下降，26日6时新沭河闸10孔降至仅提出水面；至28日6时新沭河闸下泄流量降为220m³/s，本次分洪调度结束。

第2次分洪：7月30日—8月8日沭河上游再次来水，31日20时新沭河闸上水位涨至48.21m，为加大泄洪，新沭河闸开启孔数10孔，开启高度再次达1.33m，分洪流量由

19 时 376m³/s 加大到 508m³/s, 31 日 22 时新沭河闸开启孔数增加至 18 孔, 开启高度 1.00m, 分洪流量达到 716m³/s, 8 月 1 日 9 时出现最大分洪流量 903m³/s, 随后随着水位的逐渐下降, 2 日 8 时新沭河闸 18 孔全部提出水面, 至 11 日 8 时新沭河闸下泄流量降为 184m³/s, 本次分洪调度结束。

第 3 次分洪: 8 月 21—26 日, 受沭河上游降水影响, 大官庄枢纽闸上水位快速上涨, 为加快沭河上游洪水下泄, 减轻沭河下游以及新沂河的防洪压力, 本次洪水绝大部分利用新沭河闸东调入海, 其余洪水经人民胜利堰闸入沭河干流经新沂河入海。21 日 11 时 30 分人民胜利堰闸开启 2 孔, 开启高度达到 1.50m, 分洪流量 108m³/s, 22 时 30 分人民胜利堰闸开启 8 孔, 开启高度达到 1.00m, 分洪流量加大到 367m³/s, 22 日 10 时出现最大分洪流量 437m³/s。为加大泄洪, 21 日 20 时新沭河闸开启 6 孔, 开启高度达到 1.33m, 分洪流量加大到 376m³/s, 22 时 30 分新沭河闸开启孔数增加至 18 孔, 开启高度达到 1.00m, 分洪流量再次加大到 650m³/s, 22 日 10 时出现最大分洪流量 1040m³/s。23 日 6 时随着水位的下降, 新沭河闸 18 孔全部提出水面, 至 27 日 8 时新沭河闸下泄流量降为 129m³/s, 本次分洪调度基本结束。

二、分淮入沭

2008 年沂河洪水相对较小, 为有效降低洪泽湖水位迎接上游来水, 二河闸开启向淮沭新河分洪。

第 1 次分洪: 7 月 25—30 日, 预报洪泽湖水位将达到 13.00m, 由于沂河洪水总体不大, 依据淮河防御洪水方案实时开启二河闸通过淮沭新河分淮入沂。25 日 16 时 24 分开启 5 孔, 分洪流量为 104m³/s; 受沂河上游来水影响, 27 日 9 时 42 分减至 3 孔, 分洪流量为 33m³/s; 29 日 8 时 42 分重新加大至 7 孔, 分洪流量达到最大为 151m³/s, 至 30 日洪泽湖水位逐渐平稳, 10 时 30 分减少至 5 孔, 下泄流量降为 43m³/s, 本次分洪调度结束。

第 2 次分洪: 8 月 3—15 日淮河上游出现超警洪水过程, 3 日 17 时二河闸上游水位上涨至 13.29m, 17 时 30 分二河闸开启泄洪, 下泄流量为 54m³/s; 4 日 9 时 24 分, 加大至 4 孔, 下泄流量为 99m³/s; 5 日 9 时 30 分继续加大至 10 孔, 下泄流量为 192m³/s; 6 日 9 时 24 分继续加大至 11 孔, 下泄流量为 251m³/s, 10 时 30 分继续加大至 14 孔, 下泄流量增加到 304m³/s; 8 日 16 时 36 分继续加大至 26 孔, 下泄流量增加到 480m³/s; 12 日 17 时 6 分增加至 31 孔, 下泄流量达到 559m³/s; 13 日 8 时 54 分增加至 34 孔, 出现最大下泄流量, 达到 604m³/s, 至 14 日洪泽湖水位平稳至 13m 以下; 14 日 16 时 30 分减少至 15 孔, 下泄流量为 245m³/s; 15 日 8 时减少至 8 孔, 下泄流量为 119m³/s, 9 时 6 分闸门关闭, 本次分洪调度结束。

第五章 专题分析

第一节 王家坝站春汛预报误差分析

一、雨水情

2008 年 4 月 18—20 日，受东移的西风槽、低涡切变线及低空急流共同影响，淮河流域自西向东出现 1 次中~大雨，淮河息县以上、淮北各支流中下游至骆马湖一带降水量达 100mm 以上，局部地区超过 200mm，暴雨中心徐洪河凌城站为 279.6mm，淮河上游王堂站为 177.5mm（图 2 - 33）。王家坝站以上次面平均雨量为 107.9mm，其中 18 日、19 日的日降水量分别为 34.6mm、72.3mm。

受降雨影响，淮河水系出现了自 1964 年以来同期最大的春汛。王家坝站 4 月 19 日 20 时水位自 20.57m 上涨，21 日 17 时 39 分水位为 27.50m，达到警戒水位，22 日 9 时 24 分出现洪峰水位 27.78m，超警戒水位 0.28m，为 1964 年以来同期最高，相应洪峰流量（总）为 3280m³/s，23 日 1 时退至警戒水位以下（图 5 - 1）。本次洪水超警戒水位历时 31h。

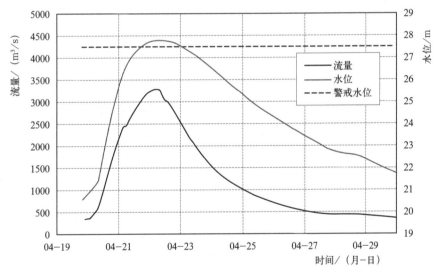

图 5 - 1 王家坝站水位与流量（总）过程线示意图

二、洪水预报

4 月 20 日 8 时 30 分，水情技术人员根据实时雨水情情况，开始作业预报分析。预报计算分经验模型和新安江模型 2 种模型方法，依据 2 种模型计算的结果，经综合分析，于 9 时发布预报成果：王家坝站将于 22 日 14 时出现洪峰水位 27.4m，洪峰流量（总）为 2500m³/s。此后，不断根据实时水情变化，及时作出滚动预报，各次预报成果见表 5 - 1。

预报发布时间	预报洪峰值		实测洪峰值			预报误差		预见期 /h	精度评定	
	峰现时间	水位 /m	流量(总) /(m³/s)	峰现时间 /(月-日时:分)	水位 /m	流量(总) /(m³/s)	水位 /m	流量(总) /%		水位	(总)流量
4 月 20 日 9 时	4 月 22 日 14 时	27.4	2500				-0.38	-23.8	48	良好	不合格
4 月 21 日 15 时	4 月 22 日上午	27.6	2700	4-22 9:24	27.78	3280	-0.18	-13.2	18	合格	不合格
4 月 21 日 21 时	4 月 22 日上午	27.7	3200				-0.08	2.9	12	合格	良好

三、误差分析

从表 5 - 1 看出，第 1 次预报王家坝站洪峰水位误差较大，主要是洪峰流量的预报值严重偏小，从而影响了洪峰水位的预报精度（洪峰水位是通过洪峰水位与洪峰流量的关系曲线而得）。经过分析总结，导致洪峰流量偏小的主要原因是报汛资料不足，淮河王家坝站的预报分析中，根据预报方案的要求需要 45 个雨量站的日雨量和时段雨量资料，但本次洪水由于发生在非汛期，流域报汛站点稀少，45 个雨量站中缺少了 26 个站的雨量资料，缺报率达 58%，是导致模型计算的流量（模型计算最大值为 2493m³/s）严重偏小的主要原因。预报时虽然对缺少站的雨量进行了补录，但在降雨的时间和空间分布上、暴雨中心和暴雨量的控制上，均很难把握。同时，由于前期报汛雨量资料的不足，对前期影响雨量（Pa）计算值也偏小，上游潢川站和班台站的模型计算流量分别仅为 354m³/s 和 322m³/s，与实际相比分别偏小高达 56.3% 和 73.2%，从而也导致了模型计算流量偏小。

通过对本次预报误差的分析，为提高预报精度，还需做好以下几个方面的工作：

（1）补充修订预报方案，随着水文资料逐年增加，现行的预报方案需要进一步修订、研究，满足实时洪水预报的要求。

（2）需增加多预报方法的研究，研究出适合淮河流域的气候特点、地形地貌、洪水特性的水文模型，在实时预报时可以相互补充。

（3）根据淮河流域防汛调度要求，为满足预报方案的需要，需加密非汛期报汛站点，达到所有报汛站点全年报汛的目标，做到不缺报、不漏报。

第二节　王家坝站洪峰流量（总）分析

2008 年，王家坝站出现了超警戒水位，最高超警戒水位达 0.98m，超警戒历时共 208h，出现年最大洪峰流量 4310m³/s，出现在 8 月 18 日 20 时。通过对王家坝站 1952—2008 年最大洪峰流量系列统计分析可知（表 5 - 2），20 世纪 50 年代、60 年代、70 年代、80 年代、90 年代、2000—2008 年最大洪峰流量平均值分别为 3779m³/s、4837m³/s、3465m³/s、4100m³/s、2831m³/s、4645m³/s，60 年代年最大洪峰流量平均值是 20 世纪 50 年代至 2000—2008 年最大洪峰流量平均值最大的年代，其中 1960 年、1968 年最大洪峰流量超过了 4837m³/s，在 1968 年出现了有资料记录以来的年最大洪峰流量，达到了 17600m³/s。

由图 5 - 2 可知，20 世纪 50 年代至 2008 年最大洪峰流量平均值出现先增后减的循环变化趋势，即年最大洪峰流量平均值表现出随年代变化的规律，其中 20 世纪 60 年代、80 年代、2000—2008 年最大洪峰流量普遍偏大，而 20 世纪 50 年代、70 年代、90 年代年最大洪峰流量普遍偏小。通过统计王家坝站 1952—2008 年最大洪峰流量超过 3000m³/s 的年份数可知，57 年里面总共有 28 年的年最大洪峰流量超过 3000m³/s，接近总年份数的一半，20 世纪 50 年代、60 年代、70 年代、80 年代、90 年代、2000—2008 年最大洪峰流量超过 3000m³/s 年份数分别为 3 年、6 年、4 年、6 年、3 年、6 年。从图 5-2 中不难看出，不同年代年最大洪峰流量超过 3000m³/s 年份数占总年份数的比例变化趋势和年最大洪峰流量均值变化趋势一致，这进一步说明了 20 世纪 60 年代、80 年代、2000—2008 年最大洪峰流量普遍偏大，而 20 世纪 50 年代、70 年代、90 年代年最大洪峰流量普遍偏小。以上分析可知，不同年代水资源系统变化具有周期性，王家坝站年最大洪峰流量随年代变化也表现出了一定的规律性，即呈现周期性增减的变化趋势。

表 5-2　　　　　　　　　王家坝站 1952—2008 年最大洪峰流量系列统计表

年　份	—	—	1952	1953	1954	1955	1956	1957	1958	1959	平均值
年最大流量/(m³/s)	—	—	3260	1980	9600	2340	7850	1180	2460	1560	3779
年　份	1960	1961	1962	1963	1964	1965	1966	1967	1968	1969	平均值
年最大流量/(m³/s)	8050	368	2270	4390	3770	3910	636	2820	17600	4560	4837
年　份	1970	1971	1972	1973	1974	1975	1976	1977	1978	1979	平均值
年最大流量/(m³/s)	2610	5620	2340	3710	2250	7230	1200	4710	2070	2910	3465
年　份	1980	1981	1982	1983	1984	1985	1986	1987	1988	1989	平均值
年最大流量/(m³/s)	5560	1600	7640	8730	3630	1710	1870	4120	1820	4320	4100
年　份	1990	1991	1992	1993	1994	1995	1996	1997	1998	1999	平均值
年最大流量/(m³/s)	2370	7610	1070	1040	1130	2610	5370	2190	4370	548	2831
年　份	2000	2001	2002	2003	2004	2005	2006	2007	2008	—	平均值
年最大流量/(m³/s)	4040	472	5740	7610	2660	7170	1780	8020	4310	—	4645

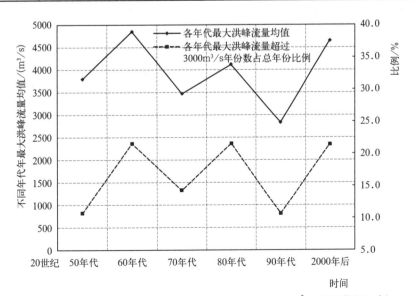

图 5-2　不同年代年最大洪峰流量均值和超过 3000m³/s 年份数的比例

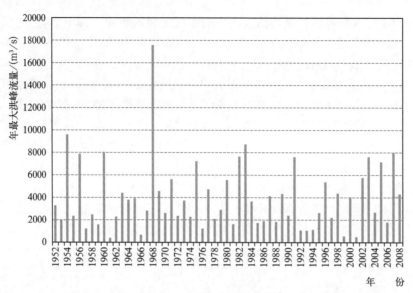

图 5-3 王家坝站 1952—2008 年最大洪峰流量系列图

由图 5-3 可知，年最大洪峰流量系列呈现波动起伏的变化趋势，多年平均值为 3936m³/s，超过 9000m³/s 的年份有 1968 年、1954 年，分别为 17600m³/s、9600m³/s，2008 年最大洪峰流量为 4310m³/s，排在 1952 年以来的第 21 位。

根据王家坝站 1952—2008 年最大洪峰流量系列分析的小波方差图（图 5-4）、时频分布图（图 5-5）可知，王家坝站年最大流量变化周期较为明显的是 42 年、11 年。在 42 年的时间尺度变化上，年最大洪峰流量呈现较为显著的偏大偏小交替变化规律。通过图 5-3 可知，1960 年左右出现了几个超过 8000m³/s 的年最大洪峰流量，而 2000 年左右出现的年最大洪峰流量普遍在多年均值以下；在 11 年的时间尺度变化上，年最大洪峰流量呈现较为明显的偏小、偏大、偏小的交替变化规律，这与前面分析的王家坝站年最大洪峰流量随年代变化表现出的规律性相一致。

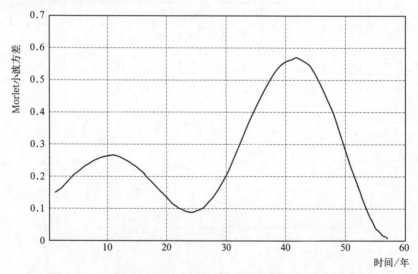

图 5-4 王家坝站 1952—2008 年最大洪峰流量系列小波方差图

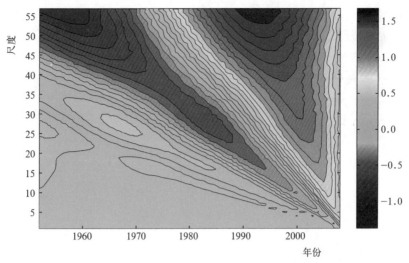

图 5－5　王家坝站 1952—2008 年最大洪峰流量系列时频分布图

综上所述，2008 年王家坝站的年最大洪峰流量 4310m³/s 在有资料记录以来的 57 年系列里面属于偏大的年份，比多年均值大 374m³/s。王家坝站作为淮河水系的第一个重要控制站，总流量是由淮河王家坝站、官沙湖分洪道钐岗站、王家坝进水闸站、洪河分洪道地理城站 4 个断面流量之和组成。虽然流域水资源系统具有高度的复杂性与不确定性，但由于水资源系统变化也有一定的周期性，通过以上的分析表明，王家坝站年最大洪峰流量随年代变化表现出一定的规律性，这对于流域的防洪应急调度和水资源配置具有一定的现实意义。

第三节　"凤凰"台风分析

2008 年第 8 号强台风"凤凰"于 7 月 25 日在台湾以东洋面生成，28 日先后在台湾和福建东部沿海登陆，登陆后沿西北方向进入福建江西等地，31 日减弱后的低压环流深入安徽境内后消失。"凤凰"影响期间，台湾、福建、浙江、广东、江西、安徽、江苏等地出现强风暴雨，据不完全统计，此次台风共造成 868.1 万人受灾，死亡 18 人，直接经济损失为 89.86 亿元。"凤凰"台风具有登陆强度强、影响时间长、影响范围广、降雨强度大等特点，成为 2008 年最强的登陆台风，也是对社会经济影响最大、国内外高度关注的一个台风。

一、台风发展概况

2008 年 7 月 25 日 14 时第 8 号强台风"凤凰"于台湾以东洋面（131.0°E，21.6°N）生成，副高影响，向偏西方向移动。26 日 8 时加强为强热带风暴，17 时加强为台风。27 日 5 时开始转为向西北方向移动，20 时进一步发展为强台风。28 日 6 时 30 分在台湾花莲县沿海登陆，登陆时中心附近最大风力达 14 级，风速 45m/s。随后减弱为台风，但维持较好的结构，快速穿过台湾岛。28 日 22 时在福建福清市东瀚镇再次登陆，登陆时中心附近最大风力达 12 级，风速为 33m/s。登陆后，台风移动速度放缓，强度逐渐减弱，29 日 0

时减弱为强热带风暴，8 时进一步减弱为热带风暴，20 时进入江西东北部。30 日 14 时在江西北部减弱为热带低压，中央气象台对其停止编报。其后台风残留的低压环流继续北上深入安徽北部一带消失（图 5-6）。

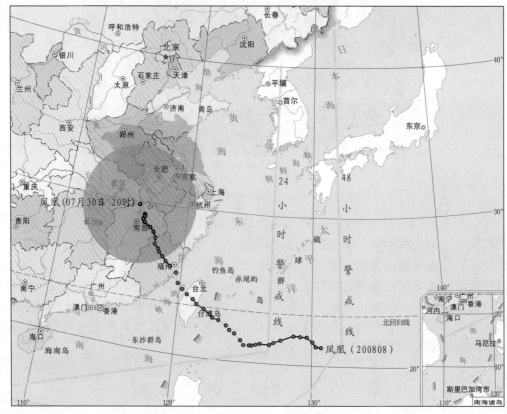

图 5-6 台风"凤凰"移动路径图

二、流域雨情

受台风"凤凰"和西风槽共同影响，2008 年 7 月 29 日—8 月 2 日淮河流域大部分地区降了中～大雨，部分地区出现暴雨～大暴雨。本次降水过程淮河流域面平均降水量 53.7mm，其中淮河水系、沂沭泗河水系分别为 55.2mm、50.3mm，淮河干流王家坝站以上面平均雨量 33.9mm。降水主要分布在淮河中游以南支流大部、沂沭泗河水系东部及里下河大部，淮河中下游沿淮淮南到里下河大部中运河以东至沭河新沂河降水量超过 50mm，淮河正阳关至洪泽湖沿淮淮南到里下河中西部降水量超过 100mm，暴雨中心里下河淮安仇桥站次雨量为 283.0mm，入江水道铜城站为 279.3mm。最大日雨量出现在 8 月 1 日蚌埠（吴家渡）站，雨量为 185mm。由于主雨区位置偏于淮河中下游及流域东部，使得洪泽湖水位上涨较快，入江水道、里下河地区部分河流出现超警戒水位洪水。

三、天气形势

7 月 28 日副热带高压的 5880gpm 等高线控制整个淮河流域，29 日 8 时开始，因台风"凤凰"继续北上，副热带高压西侧有所减弱（图5-7）。"凤凰"外围的大风速区到达流域南部地区。此时，冷空气主体位置偏北偏东，台风的外围云系和弱高空槽云系有所结合。29日降水主要位于淠河上游和苏北中部的局部地区，暴雨范围不大，最大雨量点黄尾河站降水量为85mm，没有出现大暴雨站点，降水时间在当日下午以后。29日"凤凰"的中心主要位于福建。

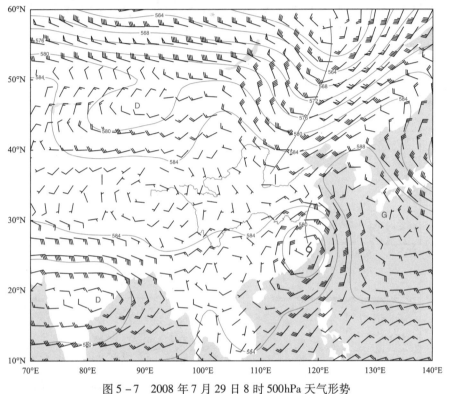

图5-7　2008年7月29日8时500hPa天气形势

7月30日热带风暴"凤凰"的中心北上进入江西，其形成的低压倒槽伸向大别山区至沂沭河一线（图5-8），因低层华北高压和副高的维持，低压倒槽稳定少动，加上"凤凰"本身具有丰沛的水汽，有利于暴雨的产生。30日流域暴雨范围明显扩大，中心主要位于洪泽湖周边及苏北中北部至沂沭河中上游等大片地区，五河、淮安、骆马湖一线出现了大暴雨，最大雨量点泗阳闸降水量为194mm。

7月31日，"凤凰"减弱后的低压外围云系和弱冷空气的结合基本结束，流域低层阻挡"凤凰"东移的高压进一步减弱，降水主要是由低压环流本身引起的，降水的强度和范围都不大，暴雨中心主要位于淠河上游的磨子潭水库库区。但是，30日开始河套地区有西风槽快速东移，低层"凤凰"减弱后的低压继续维持，形成类似"北槽南涡"的天气形势（图5-9），有利于后期降水。8月1日，西风槽到达流域中南部，残留的低压环流并入西风带中，低槽得到增强发展。南京、蚌埠、合肥之间出现了大暴雨到特大暴雨，蚌埠（吴家渡）站出现最大日雨量达185mm，本次降雨过程的雨量和强度之大均属历史少见。

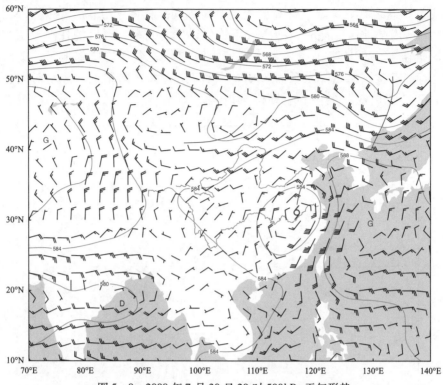

图 5-8　2008 年 7 月 30 日 20 时 500hPa 天气形势

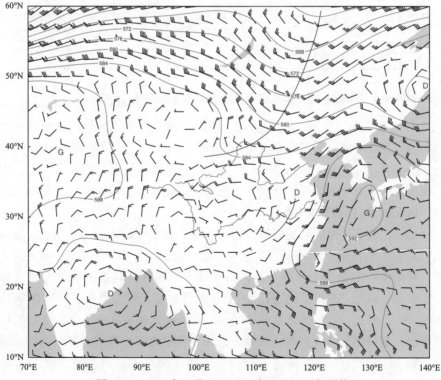

图 5-9　2008 年 7 月 31 日 20 时 500hPa 天气形势

四、水汽条件分析

7月28日晚，台风"凤凰"登陆福建前后，副高呈东南－西北向，台风在副高西南侧的东南气流引导下向西北移动，台风东北侧维持强水汽通量区，中心强度达到 $60g \cdot cm^{-1} \cdot hPa^{-1} \cdot s^{-1}$，东南急流将丰沛的水汽输送到华东地区，流域出现强降水前已具备了充沛的水汽条件。29日8时，"凤凰"在福建省境内减弱为热带风暴，但海上的水汽输送通道仍然维持，850hPa上水汽通量大值中心为 $50g \cdot cm^{-1} \cdot hPa^{-1} \cdot s^{-1}$，从水汽通量场中可以看到强降水过程的水汽来源有两个，一个是从南海地区北上的西南急流；另一个是副高西南侧的东南气流（图5－10）。其中南海方向的水汽输送占主导地位，为大暴雨发生和维持提供了充足和持续的水汽条件。31日14时，副高和东移增强的西风槽共同作用导致急流带变为西南－东北向，强降水期间这条急流带一直存在，经过安徽东南部，暴雨区位于急流轴左侧200km内，这里风速存在气旋式切变，有利于水汽的辐合上升、低压环流的维持和增强。西风槽携带的冷空气与偏南暖湿气流在流域南部交汇，形成大暴雨。至8月2日，副高减弱东撤，安徽东南部的急流区不复存在，自南向北的水汽输送明显减弱，流域南部的降水也逐渐减弱。

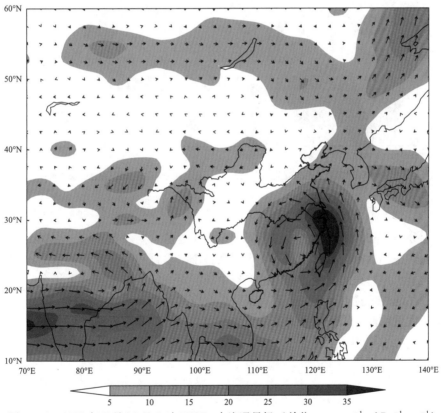

图5－10　2008年7月29日8时850hPa水汽通量场（单位：$g \cdot cm^{-1} \cdot hPa^{-1} \cdot s^{-1}$）

前文分析了水汽量的大小和来源，这里进一步分析水汽能否聚集在某区域，表征输送水汽集中程度的物理量就是水汽通量散度，其物理意义是单位时间某单位体积内汇集进来或者辐散出去的水汽的质量。29 日 8 时，"凤凰"登陆福建后，水汽辐合中心逐渐从福建向江西移动，30 日 8 时流域南部上空形成较强的水汽辐合中心，中心辐合强度达到 $20 \times 10^{-8} g \cdot cm^{-1} \cdot hPa^{-1} \cdot s^{-1}$（图 5 – 11），31 日流域东部形成水汽辐合中心，但强度有所减弱。结合各时间段的暴雨落区位置分析，发现水汽辐合中心位置的变化与暴雨位置变化有很好的对应关系。31 日 20 时后，水汽辐合强度明显减弱，降水强度也随之减弱。

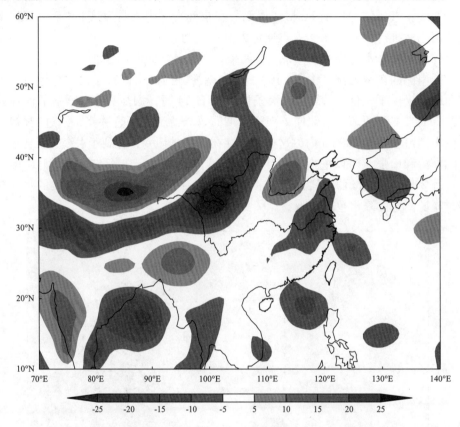

图 5 – 11　2008 年 7 月 30 日 8 时 850hPa 水汽通量散度场（单位：$10^{-8} g \cdot cm^{-1} \cdot hPa^{-1} \cdot s^{-1}$）

　　由以上分析可知，本次降水过程所需的水汽主要源自南海和东海，由副高西侧的偏南气流不断地输送到暴雨区。在强降水发生前和整个降水过程中，水汽输送都比较强。急流的存在增大了水汽输送的强度。暴雨区上空中低层对应很强的水汽通量辐合，且辐合中心与暴雨中心在地理位置上和强度上都有很好的对应关系。暴雨发生前低空稳定层的存在使低空汇集了大量水汽，因而当强对流发生的时候很快出现非常强的降水。

五、"凤凰"登陆后长久维持成因简析

　　台风在海上移动时海—气发生相互作用，登陆后转变为陆—气相互作用，其结构、强度、路径、风雨分布将发生明显变化。由于陆面摩擦和能量耗散，台风登陆后最终走向消亡，台风登陆后持续的时间长短取决于台风的强度和天气形势，有的台风登陆后迅速衰亡，而有的台风却能维持数天之久。统计分析表明严重的台风灾害往往是登陆后维持时间长久的台风造成的，例如 7503 号台风深入内陆经久不衰最终导致了举世闻名的

"75·8"河南特大暴雨洪水。"凤凰"台风从登陆福建到最后残留的低压环流并入西风带低槽，前后在陆地上维持了72h，沿途带来强风暴雨，而0519号超强台风"龙王"路径与"凤凰"极其相似，先后在台湾花莲、福建厦门登陆，却在陆地上维持了不到12小时即迅速减弱消亡。这里从大气环流、水汽输送、温度场等方面简要分析"凤凰"长时间维持的成因。

2008年7月28日8时500hPa亚洲中高纬呈明显的经向环流，贝加尔湖附近存在深厚的长波槽，长波槽逐渐东移并向南发展，引导台风环流北上向斜压锋区靠近。副高主体呈南北向位于海上，脊线位于33°N，副高西端控制苏皖地区，我国中纬度地区为弱的暖脊控制。副高西北部与大陆暖脊合并，在台风北侧形成带状高压坝，迫使台风移动速度缓慢。29日开始，高压带逐渐向东收缩，台风北行，但仍然受到副高西北部影响，移动速度较慢。

从850hPa风场来看，"凤凰"登陆前后，台风环流东部以及西南方25～30个经距处为风速大值中心，且大值区的宽度达6～8个经距，登陆后风速大值区仍然稳定维持，区域内风速一般超过12m/s，形成持续的低空急流通道（图5-12）。"凤凰"向北移动过程中，低空急流较长时间与其连通，直到48h后才逐渐减弱甚至出现断裂（图5-13）。在5.2.4中的水汽条件分析也表明，水汽通量大值区分布在低空急流带上，成为台风环流的主要水汽输送带。反观以"龙王"为代表的登陆后迅速衰减的台风，登陆时低空急流的强度不如"凤凰"，登陆24h内低空急流带与台风环流断裂，并迅速减弱向南收缩，台风环流区域内的水汽输送明显减弱，这显然对登陆台风的维持是非常不利的。

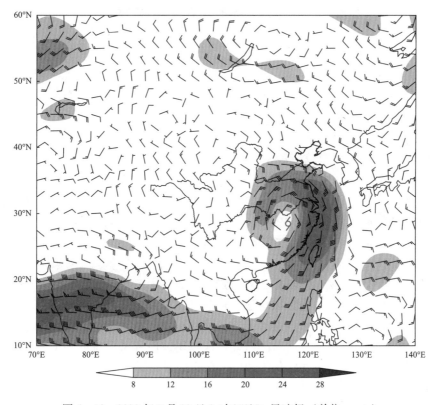

图5-12　2008年7月30日8时850hPa风速场（单位：m/s）

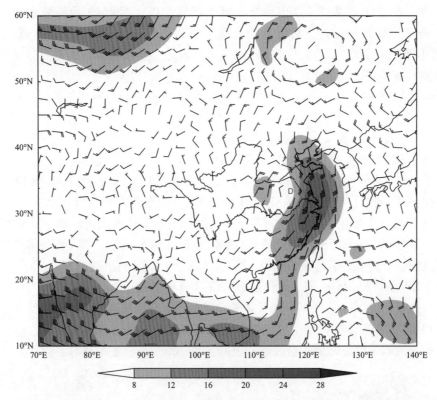

图 5 – 13　2008 年 7 月 31 日 8 时 850hPa 风场（单位：m/s）

　　从中低层温度场来看，"凤凰"登陆时暖心中高层是对称的圆形结构，台风眼区附近的对流非常强盛，东西两侧特别是眼墙附近有较强的温度径向梯度 ［图 5 – 14（a）、（b）］。29 日 20 时，由于陆地摩擦作用台风逐渐减弱，此时中层 500hPa 保持暖心结构，而低层台风中心呈冷心结构 ［图 5 – 14（c）、（d）］。30 日 20 时，台风已减弱为热带低压，中纬度西风带冷空气从低层开始与低压环流云系发生相互作用，热带低压东部是低空急流和水汽输送通道，冷暖空气交汇于流域中东部，造成潜热能量释放，使中高层能够维持暖心结构 ［图 5 – 14（e）、（f）］。31 日 8 时，西风槽携带的冷空气侵入到低压环流的第一象限，干冷空气从低层进入台风内部结构，削弱了台风对流，使中高层的暖心结构无法维持，残留的低压环流也将迅速衰弱消亡 ［图 5 – 14（g）、（h）］。

　　通过以上分析可以发现，"凤凰"台风登陆后长时间维持并给流域带来较强的风雨影响，主要有三方面的原因：一是台风环流位于长波槽前有向中纬度斜压锋区靠近的趋势；二是台风环流登陆后低空急流水汽通道仍与台风相连接，为台风维持提供了源源不断的水汽和能量；三是台风北上过程遭遇弱冷空气接入作用，使台风环流低层形成"半冷半暖"的温度结构，有利于位能释放并转化为动能，从而增强低层气旋性环流，有利于台风残留低压环流的维持。

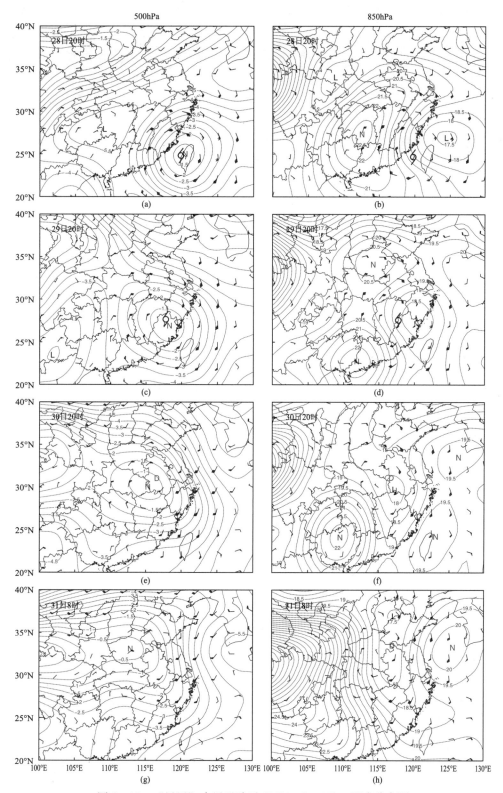

图 5 – 14 "凤凰"台风登陆后 500hPa 和 850hPa 温度分布图

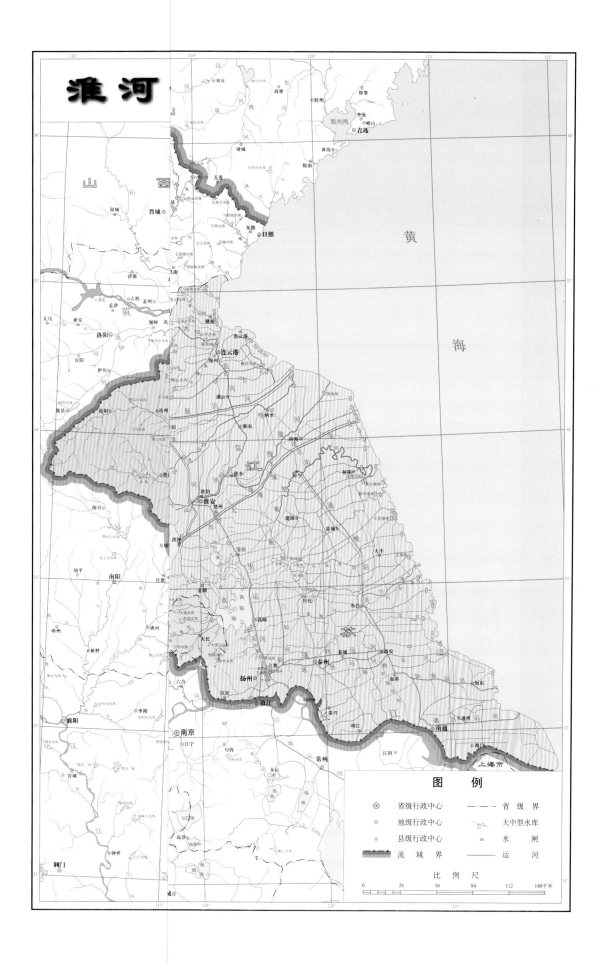

淮河

图 例

⊙ 省级行政中心   　—·—·— 省级界

◎ 地级行政中心   　　　 大中型水库

○ 县级行政中心   　□ 水闸

　　　　　流域界   　　　 运河

比 例 尺

0   28   56   84   112   140千米